BERICHTE ÜBER DIE VERHANDLUNGEN DER SÄCHSISCHEN
AKADEMIE DER WISSENSCHAFTEN ZU LEIPZIG

Mathematisch-naturwissenschaftliche Klasse
Band 100 · Heft 2

PAUL GÜNTHER

ZUR GÜLTIGKEIT DES HUYGENSschen PRINZIPS BEI PARTIELLEN DIFFERENTIALGLEICHUNGEN VOM NORMALEN HYPERBOLISCHEN TYPUS

1952

AKADEMIE-VERLAG · BERLIN

BERICHTE ÜBER DIE VERHANDLUNGEN DER SÄCHSISCHEN AKADEMIE DER WISSENSCHAFTEN ZU LEIPZIG

Mathematisch-naturwissenschaftliche Klasse

Band 100 · Heft 2

PAUL GÜNTHER

ZUR GÜLTIGKEIT DES HUYGENSSCHEN PRINZIPS BEI PARTIELLEN DIFFERENTIALGLEICHUNGEN VOM NORMALEN HYPERBOLISCHEN TYPUS

1952

AKADEMIE-VERLAG · BERLIN

Vorgetragen durch Herrn Hölder in der Sitzung vom 14. Januar 1952

Manuskript eingeliefert am 14. Januar 1952

Druckfertig erklärt am 19. Juli 1952

Erschienen im Akademie-Verlag GmbH., Berlin NW 7, Schiffbauerdamm 19
Veröffentlicht unter der Lizenz Nr. 1217 des Amtes für Literatur und Verlagswesen
der Deutschen Demokratischen Republik
Satz und Druck der Druckerei „Thomas Müntzer" Langensalza
Bestell- und Verlagsnummer: 2027/100/2
Preis: DM 5,—
Printed in Germany

Einleitung

Die vorliegende Arbeit beschäftigt sich mit einer gewissen Klasse von linearen partiellen Differentialgleichungen zweiter Ordnung der Gestalt

$$A^{ik}\frac{\partial^2 u}{\partial x^i\,\partial x^k}+B^i\frac{\partial u}{\partial x^i}+Cu=0.\quad i,k=0,1,2,\ldots,n. \qquad (1)$$

Dabei sollen die A^{ik}, B^i, C Funktionen der unabhängigen Variablen (x^i) sein, die geeigneten Differenzierbarkeitsforderungen genügen. Es wird angenommen, daß die Gl. (1) vom normalen hyperbolischen Typus ist[1]), d.h. die quadratische Form

$$H=A^{ik}\pi_i\pi_k$$

läßt sich in jedem Punkt (x^i) durch eine lineare Transformation der π_i auf die Gestalt bringen:

$$H=\pi_0^2-\pi_1^2-\pi_2^2-\cdots-\pi_n^2.$$

In jedem Punkt $O(\xi^i)$ liegt die Spitze eines charakteristischen Kegels, der von den aus $O(\xi)$ auslaufenden bicharakteristischen Kurven gebildet wird.

Wir betrachten das CAUCHYsche Anfangswertproblem der Gl. (1): Auf einer n-dimensionalen (raumartigen)[2]) An-

---

[1]) HADAMARD: Lectures on CAUCHYS Problem in linear partial differential equations. New Haven, Yale University Press. 1923.

Dieses Buch enthält grundlegende und ausführliche Untersuchungen über den betrachteten Gleichungstypus.

[2]) Eine durch $f(x^i)=0$ dargestellte Fläche heißt raumartig, falls

$$A^{ik}\frac{\partial f}{\partial x^i}\frac{\partial f}{\partial x^k}>0.$$

fangsfläche seien die gesuchte Funktion u und eine aus der Fläche herausführende Ableitung $\frac{\partial u}{\partial n}$ vorgegeben. Gesucht ist eine Lösung von (1), die diesen Anfangsbedingungen genügt.

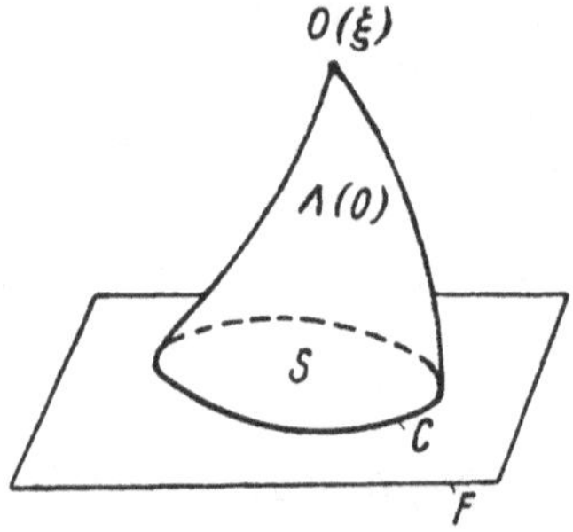

Auf den Wert der Lösung $u(O)$ in einem Punkt $O(\xi)$ haben nur die Anfangswerte Einfluß, die im Inneren oder auf dem Rande des Gebietes S der Anfangsfläche F liegen, das der nach F geöffnete charakteristische Kegel $\wedge(O)$ mit der Spitze in $O(\xi)$ aus F ausschneidet (Abb.).

Im Falle der speziellen Wellengleichung

$$\frac{\partial^2 u}{\partial x_0^2} - \frac{\partial^2 u}{\partial x_1^2} - \cdots - \frac{\partial^2 u}{\partial x_n^2} = 0 \tag{2}$$

hängt $u(O)$ sogar nur von den Anfangswerten auf der Schnittfläche C von $\wedge(O)$ und F ab, so daß eine Abänderung der Anfangswerte im Inneren von S keinen Einfluß auf den Wert $u(O)$ hat. Man sagt, daß für die Gleichung (2) das Huygenssche Prinzip (im engeren Sinne) gilt. Sind die Anfangswerte nur in einer kleinen Umgebung eines Punktes A der Anfangsfläche von null verschieden, so wird auch die Lösung nur in der Nähe des von A ausgehenden, nach oben geöffneten Kegelmantels $\vee(A)$ von null verschieden sein. Die Lösung breitet sich längs $\vee(A)$ ohne Diffusion aus.

Hadamard hat das Problem gestellt, alle Gleichungen der Gestalt (1) anzugeben, bei denen das Huygenssche Prinzip in obiger Form gültig ist. Er sprach die Vermutung aus, daß sich alle derartigen Gleichungen — die Mathisson[1])

[1]) M. Mathisson: Le problem de M. Hadamard relatif a la diffusion de ondes, Acta Math. 71 (1939) S. 249.

Gleichungen reiner Wellen genannt hat — auf die spezielle Wellengleichung (2) transformieren lassen, und zwar durch

a) eine Koordinatentransformation,
b) eine Multiplikation von (1) mit einer Funktion $\sigma(x)$,
c) eine Transformation der gesuchten Funktion

$$u = \lambda(x^i)\, u'(x).$$

Eine erste notwendige Bedingung für eine Gleichung reiner Wellen ist, daß die Anzahl der Variablen gerade und ≥ 4 ist. Aus der von HADAMARD mittels seiner Integrationsmethode der Grundlösung aufgestellten notwendigen und hinreichenden Bedingung (Verschwinden des log. Anteils der Grundlösung) ist bezüglich der Frage der Transformierbarkeit auf die Wellengleichung (2) noch nichts zu ersehen. MATHISSON hat das Problem vollständig gelöst für den Fall, daß die A^{ik} in (1) konstant sind und $n = 3$ ist:

$$\frac{\partial^2 u}{\partial x_0^2} - \frac{\partial^2 u}{\partial x_1^2} - \frac{\partial^2 u}{\partial x_2^2} - \frac{\partial^2 u}{\partial x_3^2} + B^i \frac{\partial u}{\partial x^i} + C u = 0. \tag{3}$$

Er wendet zunächst eine etwas andere Integrationsmethode an. Mit Hilfe einer Hilfsfunktion $v(\xi, x)$ (Parametrix), die eine Verallgemeinerung von $\frac{1}{r} = \frac{1}{\sqrt{\sum_{i=1}^{3} (x_i - \xi_i)^2}}$ im Falle der Gl. (2) ist, leitet er eine Integralgleichung vom VOLTERRAschen Typ für die Lösung u ab. Notwendig und hinreichend für die Gültigkeit des HUYGENSschen Prinzips ist, daß der Kern der Integralgleichung verschwindet. Für ihn leitet er eine Reihenentwicklung her, deren Glieder einzeln null gesetzt werden. Dadurch findet er: (3) ist dann und nur dann eine Gleichung reiner Wellen, falls:

$$\frac{\partial B_i}{\partial x^j} - \frac{\partial B_j}{\partial x^i} = 0$$

$$C - \frac{1}{2} \frac{\partial B^i}{\partial x^i} - \frac{1}{4} B_i B^i = 0$$

ist. Daraus folgt aber die Transformierbarkeit auf (2), wie weiter unten ersichtlich wird.

Die vorliegende Arbeit befaßt sich mit dem allgemeinen Fall variabler A^{ik} $(n+1=4)$. Es wird untersucht, wie sich die Bedingungen von Mathisson verallgemeinern. Diese verallgemeinerten Bedingungen reichen noch nicht zur Lösung des Problems aus, sind aber vielleicht an sich von Interesse.

Es wird die Mathissonsche Integrationsmethode zugrundegelegt, die dieser auch im Fall variabler A^{ik} angedeutet hat[1]).

Sie sei zunächst kurz geschildert:

Die A^{ik} werden als kontravariante Komponenten g^{ik} des Fundamentaltensors einer (indefiniten) Riemannschen Metrik gedeutet. Die DGl. läßt sich dann in der Gestalt

$$I(u) \equiv g^{\alpha\beta} \nabla_\alpha \nabla_\beta u + A^\alpha \nabla_\alpha u + C u = 0 \qquad (4)$$

schreiben, wo ∇ kovariante Differentation im Sinne der Riemannschen Übertragung bedeutet. Die Bicharakteristiken sind dann die zur Metrik gehörigen geodätischen Nulllinien. Wir betrachten einen Punkt $O(\xi^i)$ und die durch ihn gehenden geodätischen Nullinien, die auf dem Kegel $\wedge(O)$ ein Richtungsfeld k^λ bestimmen. Ferner betrachten wir eine Kongruenz K zeitartiger[2]) geodätischer Linien, deren Tangentenvektoren a^λ erfüllen so die Gleichungen

$$a^\lambda a_\lambda = 1, \quad a^\lambda \nabla_\lambda a^\nu = 0.$$

Das auf $\wedge(O)$ erklärte Feld k^λ setzen wir fort, indem wir die Spitze des Kegels auf der durch $O(\xi)$ gehenden Linie G der Kongruenz K [Gleitlinie für $O(\xi)$] wandern lassen und auf jedem der so entstehenden Kegel $\wedge'(0')$, $O'(\xi')$ auf G, wie oben das Feld k^λ konstruieren, das damit überall erklärt ist.

---

[1]) M. Mathisson, Eine neue Lösungsmethode für DGl. v. norm. hyperb. Typus. Math. Ann. 107 (1932), S. 400ff.

[2]) Ein Linienelement dx^i heißt zeitartig, falls $g_{ij} dx^i dx^j > 0$ ist.

[Natürlich abhängig von $O(\xi)$]. Es gilt

$$k^\lambda k_\lambda = 0, \quad k^\lambda \nabla_\lambda k^\nu = 0.$$

Die k_λ können dann so normiert werden, daß überall gilt

$$k^\lambda a_\lambda = -1.$$

Jedem Punkt $P(x)$ wird jetzt der Wert s zugeordnet, der gleich der Bogenlänge auf der Gleitlinie G zwischen $O(\xi)$ und dem Punkte $O'(\xi')$ ist, dessen Kegel durch $P(x)$ geht; offensichtlich ist auf $\wedge(O): s = 0$. Für die Ableitungen dieser Funktion s gilt[1])

$$\frac{\partial s}{\partial x^\nu} = -k_\nu.$$

Jedem Linienelement in Richtung des k^λ-Feldes wird ein Differential dr zugeordnet vermöge:

$$dx^\lambda = k^\lambda dr.$$

Dann gilt

$$dr = -a_\lambda dx^\lambda$$

oder

$$r(\xi, x) = -\int_{O'}^{P(x)} a_\lambda dx^\lambda,$$

wo die Integration längs einer geod. Nullinie auszuführen ist. Auf G soll $r = 0$ sein.

Die oben erwähnte Hilfsfunktion $v(\xi, x)$ (Parametrix) ist eine Lösung der gewöhnlichen DGl.

$$2\, k^\lambda \nabla_\lambda v + (\nabla_\lambda k^\lambda - A_\lambda k^\lambda)\, v = 0.$$

Wie weiter unten gezeigt wird, besitzt $\nabla_\lambda k^\lambda$ eine Reihenentwicklung nach Potenzen von r der Gestalt

$$\nabla_\lambda k^\lambda = \frac{2}{r} + (r) + \cdots,$$

[1]) M. MATHISSON, Math. Ann. loc. cit., S. 404.

so daß sich für $v(\xi, x)$ ergibt:

$$v(\xi, x) = \frac{1}{r} e^{\frac{1}{2}\int\limits_{O'}^{P} \left(A_\lambda k^\lambda - \left[\nabla_\lambda k^\lambda - \frac{2}{r}\right]\right) dr}$$

Dabei ist die Integration längs einer von O' auslaufenden Nullgeodätischen gemeint.

Wir geben nun eine Anfangsfläche F vor durch $f(x^i) = 0$. Auf F seien die Anfangswerte

$$(u)_F = \varphi(x)$$
$$(a^\lambda \nabla_\lambda u)_F = \psi(x)$$

gegeben. (Die Kongruenz K kann dann etwa so gewählt werden, daß sie zur Anfangsfläche orthogonal ist.) Nun ergibt sich mittels der zugehörigen GREENschen Formel die Integralgleichung für die gesuchte Funktion u

$$u(\xi) = -\frac{1}{4\pi} \int\limits_{\Lambda} G(v[\xi, x])\, u(x)\, d_x \wedge$$
$$+ \frac{1}{4\pi} \int\limits_{C} [v\psi - \varphi a^\mu \nabla_\mu v + a^\mu A_\mu v \varphi]\, dC + \frac{d}{ds_0} \int\limits_{C} \varphi\, v\, dC$$

$G(v)$ ist der zu $I(u)$ adjungierte Differentialausdruck. $\frac{d}{ds_0}$ bezieht sich auf die Variablen (ξ) und bedeutet Differentation in Richtung der Gleitlinie G.

Die eindeutig bestimmte Lösung der Integralgleichung nimmt, wie man leicht zeigt, die geforderten Randwerte an. Auf die Frage der Verifikation der Lösung gehen wir nicht ein[1]).

Die notwendige und hinreichende Bedingung für die Gültigkeit des HUYGENSschen Prinzips ist:

$$G(v) \equiv g^{\alpha\beta} \nabla_\alpha \nabla_\beta v - \nabla_\alpha (A^\alpha v) + C v = 0. \tag{5}$$

[1]) Es ist einer der Vorteile der ursprünglichen HADAMARDschen Methode eine einfache Verifikation der Lösung zu gestatten.

Dann steht die Lösung explizit da. Ihr HUYGENSscher Charakter ist evident, da nur Integrale über C auftreten. Der Beweis der Notwendigkeit von (5) verläuft ebenso wie im Fall konstanter A^{ik} [1]) [2]).

§ 1. Die drei Transformationsgruppen

Um die Reihenentwicklung von $G(v)$ möglichst einfach zu gestalten, betrachten wir die drei Gruppen von Transformationen, gegenüber denen die DGl. invariant ist. Geeignet ausgewählte Transformationen gestatten uns dann, die Rechnung zu vereinfachen.

a) Die konforme Transformation der Metrik. (σ-Transformation.) Die DGl.

$$g^{\alpha\beta}\nabla_\alpha\nabla_\beta u + A^\alpha\nabla_\alpha u + Cu = 0 \tag{1}$$

kann mit einer willkürlichen Funktion $\sigma^{-1}(x^0, x^1, x^2, x^3)$ multipliziert werden. Da die Gleichung dann durch die gleiche Funktion $u(x)$ gelöst wird, muß die Bedingung $G(v) = 0$ gegenüber einer solchen Transformation invariant sein. Die Multiplikation mit einem Faktor stellt eine konforme Transformation der Metrik dar:

$$'g_{\alpha\beta} = \sigma g_{\alpha\beta}.$$

Man hat dann in (1) die kovariante Differentation in bezug auf die neue Metrik auszuführen. Es gilt bekanntlich[3]):

$$'\nabla_\alpha u = \nabla_\alpha u = \frac{\partial u}{\partial x^\alpha};$$

$$'\nabla_\alpha v_\beta = \nabla_\alpha v_\beta - \frac{1}{2} v_\alpha s_\beta - \frac{1}{2} v_\beta s_\alpha + \frac{1}{2} g_{\alpha\beta} s^\varrho v_\varrho,$$

---

[1]) M. MATHISSON, Acta Math. loc. cit. Abschnitt II.

[2]) Die vorliegende Arbeit ist eine gekürzte Fassung der Dissertation des Verfassers. (Promotion August 1950. Referenten: Prof. Dr. E. HÖLDER, Prof. Dr. E. KÄHLER). Für ihre Anregung bin ich Herrn Prof. HÖLDER zu großem Dank verpflichtet.

[3]) SCHOUTEN, Der Riccikalkül, Springer-Verlag Berlin, S. 168ff.

wobei

$$s_\alpha = \frac{\partial}{\partial x^\alpha} \log |\sigma|, \qquad s^\varrho = g^{\varrho\alpha} s_\alpha$$

gesetzt ist.

Insbesondere gilt dann:

$$'\Box u = \sigma^{-1} \{\Box u + s^\varrho \nabla_\varrho u\}.$$

Daraus folgt: Sei

$$\sigma^{-1} [\Box u + A^\alpha \nabla_\alpha u + C u] = '\Box u + 'A^\alpha \nabla_\alpha u + 'C u,$$

so gelten die Transformationsformeln:

$$'A^\alpha = \sigma^{-1} \{A^\alpha - s^\alpha\}, \quad 'A_\alpha = A_\alpha - s_\alpha;$$
$$'C = \sigma^{-1} C.$$

Betrachten wir fernerhin den Tensor:

$$L_{\varkappa\lambda} = - R_{\varkappa\lambda} + \frac{1}{6} g_{\varkappa\lambda} \cdot R, \qquad L_{\varkappa\lambda} = L_{\lambda\varkappa},$$

wobei $R_{\varkappa\lambda} = R^{\varrho}_{\cdot\varkappa\lambda\varrho}$ den verjüngten RIEMANNschen Krümmungstensor und $R = R^{\varrho}_{\cdot\varrho}$ die skalare Krümmung darstellt. Für $L_{\varkappa\lambda}$ gilt bei einer σ-Transformation das Transformationsgesetz

$$'L_{\varkappa\lambda} = L_{\varkappa\lambda} - \frac{1}{2} s_{\varkappa\lambda},$$

wo

$$s_{\varkappa\lambda} = 2 \nabla_\varkappa s_\lambda - s_\varkappa s_\lambda + \frac{1}{2} g_{\varkappa\lambda} s_\alpha s^\alpha.$$

Nehmen wir jetzt eine konforme Transformation vor, so können wir die zweiten Ableitungen von $\log \sigma$ in einem festen Punkt $O(\xi)$ so wählen, daß dort gilt[1]):

$$'L_{\varkappa\lambda} = 0. \tag{2a}$$

Man sieht sofort, daß sich die dritten und höheren Ableitungen von $\log \sigma$ im Punkte $O(\xi)$ dann so wählen lassen,

[1]) Die ersten Ableitungen können in O willkürlich, etwa gleich null gewählt werden.

daß in diesem Punkt gilt:

$$
\begin{aligned}
{}'\nabla_{(\varkappa}{}'L_{\lambda\mu)} &= 0, \\
{}'\nabla_{(\varkappa}{}'\nabla_{\lambda}{}'L_{\mu\nu)} &= 0, \\
{}'\nabla_{(\varkappa}{}'\nabla_{\lambda}{}'\nabla_{\mu}{}'L_{\nu\omega)} &= 0.
\end{aligned} \tag{2b}
$$

Wir denken uns im folgenden diese Transformation durchgeführt, so daß in $O(\xi)$ die Gl. (2) gelten. Die Striche lassen wir dann wieder weg.

b) Die Koordinatentransformation.

Die Gl. (1) und die Bedingung $G(v[\xi, x]) = 0$ sind ihrer tensoriellen Gestalt wegen invariant gegenüber Koordinatentransformationen, so daß wir ein geeignetes Koordinatensystem einführen können. Wir wählen ein RIEMANNsches Normalkoordinatensystem mit dem Ursprung $O(\xi)$. Notwendig und hinreichend für ein solches System ist[1]):

$$(g_{\alpha\beta} - \mathring{g}_{\alpha\beta})\, x^\beta = 0. \tag{3}$$

Die von O ausgehenden geodätischen Linien schreiben sich dann in der Gestalt

$$x^\alpha = c^\alpha s,$$

wo c^α = const. längs jeder solchen Linie ist.

Es gelten fernerhin in einem solchen System und im Punkte O die Gleichungen

$$\left.\begin{aligned} \Gamma^{\lambda}_{\alpha\beta} &= 0 \\ \Gamma^{\lambda}_{(\alpha\beta,\gamma)} = \Gamma^{\lambda}_{(\alpha\beta,\gamma\delta)} &= \cdots = 0; \end{aligned}\right\} \tag{3'}$$

wo die Indizes der CHRISTOFFELsymbole hinter dem Komma gewöhnliche Differentation nach x^γ, x^δ, usw. bedeuten.

c) Die Transformation der gesuchten Funktion. (λ-Transformation.)

Die DGl. (1) und die Bedingung $G(v) = 0$ sind ferner inva-

---

[1]) HERGLOTZ, Zur RIEMANNschen Metrik. Leipziger Berichte 73 (1921), S. 215ff.

riant gegenüber einer Transformation der gesuchten Funktion $u(x)$:

$$u(x) = \lambda(x)\, u'(x),$$

wo $\lambda(x^\alpha)$ eine beliebige Ortsfunktion ist. Es geht dann (1) über in

$$\Box\, u' + A'^\alpha \nabla_\alpha u' + C' u' = 0,$$

wobei die Transformationsformeln gelten:

$$A'^\alpha = A^\alpha + 2\, \nabla^\alpha \log \lambda,$$
$$C' = C + A^\alpha \nabla_\alpha \log \lambda + \frac{1}{\lambda} \Box\, \lambda.$$

Für $v'(\xi, x)$ gilt dann:

$$v'(\xi, x) = \frac{1}{r}\, e^{\frac{1}{2}\int\limits_0^r \left(A'_\alpha k^\alpha - \left[\nabla_\alpha k^\alpha - \frac{2}{r}\right]\right) dr} = \lambda\, v(\xi, x).$$

Mit Hilfe dieser Beziehungen rechnet man sofort die Invarianz von $G(v) = 0$ nach.

Aus der Transformationsformel von A^α sieht man:

$$A'_\alpha = A_\alpha + 2\, \nabla_\alpha \log \lambda$$
$$\nabla_{(\alpha} A'_{\beta)} = \nabla_{(\alpha} A_{\beta)} + 2\, \nabla_\alpha \nabla_\beta \log \lambda$$
$$\nabla_{(\alpha} \nabla_\beta A'_{\gamma)} = \nabla_{(\alpha} \nabla_\beta A_{\gamma)} + 2\, \nabla_{(\alpha} \nabla_\beta \nabla_{\gamma)} \log \lambda.$$

Wir denken uns eine solche Transformation durchgeführt, daß in $O(\xi)$ gilt:

$$\begin{aligned} A'_\alpha &= 0, \\ \nabla_{(\alpha} A'_{\beta)} &= 0, \\ \nabla_{(\alpha} \nabla_\beta A'_{\gamma)} &= 0, \\ \nabla_{(\alpha} \nabla_\beta \nabla_\gamma A'_{\delta)} &= 0. \end{aligned} \tag{4}$$

Daß dies durch geeignete Wahl der Ableitungen von $\log \lambda$ in O ohne weiteres möglich ist, erkennt man sofort.

Wir nehmen im folgenden an, daß alle drei besprochenen Transformationen ausgeführt seien und lassen die Striche wieder weg.

Wegen (3′) sind die Gleichungen (4) übrigens gleichbedeutend mit

$$A_\alpha = 0,$$
$$A_{(\alpha,\beta)} = 0,$$
$$A_{(\alpha,\beta\gamma)} = 0,$$
$$A_{(\alpha,\beta\gamma\delta)} = 0,$$

wo der Index hinter dem Komma gewöhnliche Differentation andeutet.

§ 2. Berechnung von $\nabla_\lambda k^\lambda$

Um zur gesuchten Reihe für $G(v)$ zu kommen, müssen wir zunächst eine Reihe für v herleiten. Dabei spielt der Ausdruck $\nabla_\lambda k^\lambda$ eine wichtige Rolle. Wir berechnen ihn in diesem §. Die Gleichung des char. Kegels $\wedge(0)$ mit der Spitze in $O(\xi)$ sei:

$$\Gamma(\xi, x) = 0.$$

Die Funktion Γ besitzt eine Reihenentwicklung nach Potenzen von $X^\lambda = x^\lambda - \xi^\lambda$, den Relativkoordinaten von O aus. Dann gilt auf $\wedge(0)$ die Beziehung:

$$2\,r\,k_\lambda = \frac{\partial \Gamma(\xi, x)}{\partial x^\lambda}\,^{1)}. \tag{1}$$

Da wir aus dieser Gleichung $\dfrac{\partial k_\lambda}{\partial x^\lambda}$ entnehmen wollen, müssen wir uns an die Konstruktion des k_λ-Feldes erinnern. Die Spitzen $O'(\xi')$ der char. Kegel $\wedge'(0')$ sollen auf der Gleitlinie G wandern und dabei soll jedem Punkt $P(x)$ die k^λ-Richtung zugeordnet werden, die der durch $P(x)$ gehende Kegel $\wedge'(0')$ dort besitzt. Wir haben also die Funktion

$$\Gamma(\xi', x) = 0$$

zu betrachten. Die Relativkoordinaten von $O'(\xi')$ aus be-

[1]) HADAMARD, loc. cit., S. 89.

zeichnen wir mit $\overline{X}^\alpha$, dann gilt für alle Punkte:

$$2\,r\,k_\lambda = \frac{\partial}{\partial \overline{X}^\lambda}\,\Gamma(\xi', \overline{X})$$

und diese Gleichung ist nach x^μ zu differenzieren, wobei sich ergibt:

$$2\,k_\lambda \frac{\partial r}{\partial x^\mu} + 2\,r \frac{\partial k_\lambda}{\partial x^\mu} = \frac{\partial^2 \Gamma(\xi', x)}{\partial \overline{X}^\lambda \partial \overline{X}^\nu} \frac{\partial \overline{X}^\nu}{\partial x^\mu} + \frac{\partial^2 \Gamma(\xi' \overline{X})}{\partial \overline{X}^\lambda\, \partial \xi'^\nu} \frac{\partial \xi'^\nu}{\partial x^\mu}. \qquad (2)$$

Wir wollen $\nabla_\lambda k^\lambda$ zunächst für $s = 0$, d. h. auf $\wedge(0)$, berechnen.

Die Funktion Γ hat in Riemannschen Normalkoordinaten die Gestalt[1])

$$\Gamma(\xi, x) = \mathring{g}_{\alpha\beta} X^\alpha X^\beta, \qquad (3)$$

so daß sich auf $\wedge(0)$ ergibt:

$$\frac{\partial^2 \Gamma(\xi', x)}{\partial \overline{X}^\lambda\, \partial \overline{X}^\mu} = 2\,\mathring{g}_{\lambda\mu}.$$

Der zweite Ausdruck auf der rechten Seite von (2) verschwindet auf $\wedge(0)$.

Zwischen den $\overline{X}^\lambda$ und X^λ besteht nun in einem Normalkoordinatensystem die Beziehung

$$X^\mu = \mathring{a}^\mu\, s + \overline{X}^\mu,$$

wobei die $\mathring{a}^\mu$ längs G konstant sind. (G ist eine geodätische Linie!). Daraus folgt:

$$\frac{\partial \overline{X}^\nu}{\partial x^\mu} = g^\nu_\mu + \mathring{a}^\nu k_\mu.$$

Damit erhält man aus Gleichung (2) für $s = 0$:

$$\frac{\partial r}{\partial x^\mu} k_\lambda + r \frac{\partial k_\lambda}{\partial x^\mu} = \mathring{g}_{\lambda\mu} + \mathring{a}_\lambda k_\mu.$$

Nun ist:

$$\nabla_\lambda k^\lambda = g^{\lambda\alpha} \frac{\partial k_\lambda}{\partial x^\alpha} - g^{\lambda\alpha} \Gamma^\nu_{\lambda\alpha} k_\nu,$$

---

[1]) Hadamard, loc. cit., S. 90.

also für $s = 0$:

$$\nabla_\lambda k^\lambda = \frac{1}{r}\left[-k^\alpha \frac{\partial r}{\partial x^\alpha} + g^{\lambda\alpha} \mathring{g}_{\nu\alpha} + g^{\lambda\alpha} \mathring{a}_\lambda k_\alpha\right] - g^{\lambda\alpha} \Gamma^\nu_{\lambda\alpha} k_\nu .$$

Längs einer Nullinie sind die k^λ konstant, so daß

$$g^{\lambda\alpha} \mathring{a}_\lambda k_\alpha = -1 ; \quad \text{da ferner} \quad k^\lambda \nabla_\lambda r = 1 , \quad \text{hat man:}$$

$$\nabla_\lambda k^\lambda = \frac{1}{r}[-2 + g^{\lambda\alpha} \mathring{g}_{\lambda\alpha}] - g^{\lambda\alpha} \Gamma^\nu_{\lambda\alpha} k_\nu .$$

Aus der Identität

$$(g_{\alpha\beta} - \mathring{g}_{\alpha\beta})\, x^\beta = 0$$

folgt durch Differentation:

$$\frac{\partial g_{\alpha\lambda}}{\partial x^\nu} k^\lambda r = -(g_{\alpha\nu} - \mathring{g}_{\alpha\nu}) ,$$

Also:

$$\nabla_\lambda k^\lambda = \frac{2}{r} + \frac{1}{2} g^{\lambda\alpha} \frac{\partial g_{\lambda\alpha}}{\partial x^\nu} k^\nu . \tag{4}$$

Wir haben jetzt in dem Ausdruck (4) für $g^{\lambda\alpha}$ und $\frac{\partial g_{\lambda\alpha}}{\partial x^\nu} k^\nu$ Potenzreihen einzusetzen. Die darin auftretenden Ableitungen der $g_{\alpha\beta}$ drücken wir durch den RIEMANNschen Krümmungstensor und seine kovarianten Ableitungen aus. Um dies in einfacher Weise bewerkstelligen zu können, benutzen wir die Ergebnisse von HERGLOTZ[1]). Danach besteht zwischen den Matrizen

$$G = (g_{\varkappa\lambda}) \quad \text{und} \quad R = (R_{\iota\varkappa\lambda\mu} x^\iota x^\mu)$$

in Normalkoordinaten die Differentialrelation

$$XX(G) + X(G) - \frac{1}{2} X(G) \cdot G^{-1} \cdot X(G) = -2R ,$$

wobei $X(\varphi) = \frac{\partial \varphi}{\partial x^\nu} k^\nu$ gesetzt ist.

1) HERGLOTZ, Über die Bestimmung eines Linienelementes in Normalkoordinaten aus dem RIEMANNschen Krümmungstensor. Math. Ann. Bd. 93 (1925), S. 46.

Setzt man für G und R je eine Potenzreihe an:

$$G = E + \frac{1}{2!}\Gamma_2 + \frac{1}{3!}\Gamma_3 + \cdots,$$

$$R = R_2 + R_3 + \frac{1}{2!}R_4 + \frac{1}{3!}R_5 + \cdots$$

mit

$$\Gamma_2 = \left.\frac{\partial^2 g_{\varkappa\lambda}}{\partial x^\iota \partial x^\mu}\right|_0 x^\iota x^\mu \qquad R_2 = R_{\iota\varkappa\lambda\mu}|_0\, x^\iota x^\mu$$

$$\Gamma_3 = \left.\frac{\partial^3 g_{\varkappa\lambda}}{\partial x^\iota \partial x^\mu \partial x^\nu}\right|_0 x^\iota x^\mu x^\nu \qquad R_3 = \left.\frac{\partial}{\partial x^\nu} R_{\iota\varkappa\lambda\mu}\right|_0 x^\iota x^\mu x^\nu;$$

so bestehen, wie HERGLOTZ angibt, zwischen den Γ_i und R_i die Beziehungen:

$$\Gamma_2 = \frac{2}{3}R_2$$

$$\Gamma_3 = R_3$$

$$\Gamma_4 = \frac{6}{5}R_4 + \frac{4}{15}R_2^2$$

$$\Gamma_5 = \frac{4}{3}R_5 + \frac{2}{3}(R_2R_3 + R_3R_2).$$

Da wir für unsere Zwecke nicht die gewöhnlichen, sondern die kovarianten Ableitungen des Krümmungstensors benutzen, führen wir jene sukzessive in diese über. Wir setzen:

$$\overset{p}{\nabla} R = (\nabla_{\alpha_1} \cdots \nabla_{\alpha_p} R_{\alpha\varkappa\lambda\beta}\, x^{\alpha_1} \cdots x^{\alpha_p} x^\alpha x^\beta)$$

und erhalten unter Benutzung der Gl. (3′) des vorigen § die Rekursionsformel:

$$\overset{p}{\nabla} R = X(\overset{p-1}{\nabla} R) - (p+1)\overset{p-1}{\nabla} R$$
$$- \frac{1}{2}\{X(G)\cdot G^{-1}\cdot \overset{p-1}{\nabla} R + \overset{p-1}{\nabla} R \cdot G^{-1}\cdot X(G)\}. \qquad (5)$$

Für jedes $\overset{p}{\nabla} R$ setzen wir eine Potenzreihe an:

$$\overset{p}{\nabla} R = \overset{p}{\nabla} R_{p+2} + \overset{p}{\nabla} R_{p+3} + \frac{1}{2!}\overset{p}{\nabla} R_{p+4} + \cdots$$

mit $$\overset{p}{\nabla} R_{p+i} = \frac{\partial^{i-2}}{\partial x^{\alpha_1} \cdots \partial x^{\alpha_{i-2}}} \overset{p}{\nabla} R|_0 \, x^{\alpha_1} \cdots x^{\alpha_{i-2}}.$$

Auf diese Weise erhalten wir für jeden Wert $p \geq 1$ aus (5) den Zusammenhang zwischen den $\overset{p}{\nabla} R_{p+i}$ und den R_i. Die erste dieser Gleichungen ergibt jeweils die gesuchte Beziehung zwischen $\overset{p}{\nabla} R$ und den R_ν. Man erhält:

$$\nabla R = R_3$$
$$\overset{2}{\nabla} R = R_4 - \frac{2}{3} R_2^2$$
$$\overset{3}{\nabla} R = R_5 - \frac{3}{2} (R_2 R_3 + R_3 R_2).$$

Damit hat man für die Γ_i

$$\Gamma_2 = \frac{2}{3} R_2$$
$$\Gamma_3 = \nabla R$$
$$\Gamma_4 = \frac{6}{5} \overset{2}{\nabla} R + \frac{16}{15} R^2$$
$$\Gamma_5 = \frac{4}{3} \overset{3}{\nabla} R + \frac{8}{3} (R \cdot \nabla R + \nabla R \cdot R).$$

Für G^{-1} und $X(G)$ in $g^{\alpha\beta} \frac{\partial g_{\alpha\beta}}{\partial x^\nu} k^\nu$ in (4) gelten die Reihen:

$$G^{-1} = (E + \Gamma)^{-1} = E - \Gamma + \Gamma^2 - \cdots,$$
$$X(G) = \Gamma_2 + \frac{1}{2!} \Gamma_3 + \frac{1}{3} \Gamma_4 + \cdots,$$

und damit für $\nabla_\lambda k^\lambda |_{s=0}$:

$$\nabla_\lambda k^\lambda |_{s=0} = \frac{2}{r} + \frac{r}{3} R_{\varkappa\lambda} k^\varkappa k^\lambda + \frac{r^2}{4} \nabla_\iota R_{\varkappa\lambda} k^{\iota\varkappa\lambda}$$
$$+ \left[\frac{1}{10} \nabla_\iota \nabla_\varkappa R_{\lambda\mu} - \frac{1}{45} R_{\varrho\iota\varkappa}{}^{\sigma} R^{\varrho}{}_{\cdot\lambda\mu\sigma}\right] k^{\iota\varkappa\lambda\mu} r^3$$
$$+ \left[\frac{1}{36} \nabla_\iota \nabla_\varkappa \nabla_\lambda R_{\mu\nu} - \frac{1}{72} \nabla_\iota R_{\varrho\varkappa\lambda}{}^{\sigma} R^{\varrho}{}_{\cdot\mu\nu\sigma}\right] k^{\iota\varkappa\lambda\mu\nu} r^4 + \cdots,$$

wobei $k^{\iota\varkappa\lambda\mu\cdots} = k^\iota k^\varkappa k^\lambda k^\mu \cdots$ gesetzt ist.

In dieser Reihe sind der Krümmungstensor und seine kovarianten Ableitungen im Punkte $O(\xi)$ zu bilden und mit k^λ ist der Wert $\mathring{k}^\lambda$ in $O(\xi)$ gemeint, der zur betreffenden Nullinie gehört. (Im Normalsystem ist ja $\mathring{k}^\lambda = k^\lambda$ längs jeder Nullinie konstant.) Wegen der Invarianz aller Glieder gilt diese Reihe für ein beliebiges Koordinatensystem. Die Reihe gilt nun auch für ein beliebiges s, wenn man die Koeffizienten $R_{\varkappa\lambda}, \ldots, \mathring{k}^\lambda, \ldots$, nicht in $O(\xi)$, sondern in dem mit s variablen Punkt $O'(\xi')$ bildet. Um zu konstanten Koeffizienten zu kommen, hat man $R_{\varkappa\lambda}(\xi'), \ldots$ noch längs der Gleitlinie nach Potenzen von s zu entwickeln. Da wir in $\nabla_\lambda k^\lambda$ nur die von s freien und in s linearen Glieder benötigen werden, hat man

$$R_{\varkappa\lambda}(\xi') = R_{\varkappa\lambda}(\xi) + \nabla_\alpha R_{\varkappa\lambda}(\xi)\, \mathring{a}^\alpha s,$$

$$\nabla_\iota R_{\varkappa\lambda}(\xi') = \nabla_\iota R_{\varkappa\lambda}(\xi) + \nabla_\alpha \nabla_\iota R_{\varkappa\lambda}(\xi)\, \mathring{a}^\alpha s.$$

Die k^λ verschieben wir längs der Gleitlinie parallel. Aus der DGl. dieser Parallelverschiebung

$$\mathring{a}^\lambda \nabla_\lambda k_\nu = 0$$

folgt eine Reihenentwicklung längs G, die für jedes in $O(\xi)$ geodätische Koordinatensystem mit $\mathring{k}_\nu + (s^2)$ beginnt. Wir können also, da wir Glieder mit $s^2, s^3, \ldots$ vernachlässigen, die Parallelverschiebung unberücksichtigt lassen.

Beachten wir nun die im vorigen § getroffenen Vereinbarungen über den Tensor $L_{\varkappa\lambda}$ und seine kovarianten Ableitungen so erhält man wegen $g_{\alpha\beta} k^{\alpha\beta} = 0$ die folgende, endgültige Reihe für $\nabla_\lambda k^\lambda$:

$$\begin{aligned}\nabla_\lambda k^\lambda = \frac{2}{r} &+ \frac{1}{3} \nabla_\alpha R_{\varkappa\lambda}\, \mathring{a}^\alpha\, k^{\varkappa\lambda} r s - \frac{1}{45} R_{\varrho\iota\varkappa\cdot}^{\ \ \ \ \sigma} R^{\varrho}_{\cdot\lambda\mu\sigma}\, k^{\iota\varkappa\lambda\mu} r^3 \\ &+ \frac{1}{4} \nabla_\alpha \nabla_\iota R_{\varkappa\lambda}\, \mathring{a}^\alpha\, k^{\iota\varkappa\lambda} r^2 s \\ &- \frac{1}{72} \nabla_\iota R_{\varrho\varkappa\lambda\cdot}^{\ \ \ \ \sigma} R^{\varrho}_{\cdot\mu\nu\sigma}\, k^{\iota\varkappa\lambda\mu\nu} r^4 \\ &+ \left[\frac{1}{10} \nabla_\alpha \nabla_\iota \nabla_\varkappa R_{\lambda\mu} - \frac{1}{45} \nabla_\alpha R_{\varrho\iota\varkappa\cdot}^{\ \ \ \ \sigma} R^{\varrho}_{\cdot\lambda\mu\sigma}\right] \mathring{a}^\alpha\, k^{\iota\varkappa\lambda\mu} r^3 s.\end{aligned}$$

Dabei sind die Koeffizienten $R_{\varkappa\lambda}, \ldots$ jetzt in $O(\xi)$ zu bilden.

§ 3. Berechnung von $\square \frac{1}{r}$

Bevor wir die eigentliche Reihenentwicklung von $G(v)$ aufstellen, wollen wir für $\square \frac{1}{r}$ noch eine Reihe herleiten. Es ist:

$$\square \frac{1}{r} = -g^{\alpha\beta} \nabla_\alpha \left(\frac{1}{r^2} \nabla_\beta r\right) = -\frac{1}{r^2} \square r + \frac{2}{r^3} \nabla_\alpha r \nabla^\alpha r.$$

Wir berechnen daher zunächst $\square r$ für $s = 0$. Zu diesem Zweck stellen wir eine Reihenentwicklung für die Relativkoordinaten vom Punkte $O(\xi)$ aus auf; wie oben berücksichtigen wir Glieder, die in s von höherer als der ersten Ordnung sind, nicht. Es ist:

$$X^\lambda = \mathring{a}^\lambda s + \overline{X}^\lambda$$

$$\overline{X}^\lambda = \int_{O'}^{P} k^\lambda \, dr,$$

wo das Integral über die von $O'(\xi')$ nach P verlaufende Nulllinie zu erstrecken ist. Aus der DGl. der geodätischen Nulllinien erhält man:

$$\frac{dk^\lambda}{dr} = -\Gamma^\lambda_{\alpha\beta} k^\alpha k^\beta = C^\lambda_{\alpha\beta} k^{\alpha\beta},$$

$$\frac{d^2 k^\lambda}{dr^2} = C^\lambda_{\alpha\beta\gamma} k^{\alpha\beta\gamma}, \; \ldots;$$

In den $C^\lambda_{\alpha\beta}, \ldots$ sind die Christoffelsymbole zweiter Art und ihre Ableitungen enthalten. Sie sind in den unteren Indizes symmetrisch und verschwinden in $O(\xi)$, dem Ursprung unseres Normalkoordinatensystems. Für k^λ hat man also die Reihe

$$k^\lambda = k^\lambda(\xi') + C^\lambda_{\alpha\beta}\big|_{\xi'} k^{\alpha\beta} r + \frac{r^2}{2} C^\lambda_{\alpha\beta\gamma}\big|_{\xi'} k^{\alpha\beta\gamma} + \cdots.$$

Um $\overline{X}^\lambda$ daraus entnehmen zu können, hat man nach r zu integrieren, wobei die $C^\lambda_{\alpha\beta}, \ldots, k^\lambda, \ldots$ konstant bleiben. Sie variieren aber noch mit s, da dann $O'(\xi')$ variiert. Also hat man genau wie im vorigen § die Koeffizienten noch längs G zu entwickeln:

$$C^{\lambda}_{\alpha\beta}|_{\xi'} = C^{\lambda}_{\alpha\beta}|_{\xi} + \frac{\partial}{\partial x^{\gamma}} C^{\lambda}_{\alpha\beta}|_{\xi} \mathring{a}^{\gamma} s.$$

Die $C^{\lambda}_{\alpha\beta}|_{\xi'}$ ..., verschwinden aber, so daß man hat:

$$\bar{X}^{\lambda} = \mathring{k}^{\lambda} r + \frac{1}{2} \frac{\partial C^{\lambda}_{\alpha\beta}}{\partial x^{\gamma}} \mathring{a}^{\gamma} k^{\alpha\beta} r^2 s + \frac{1}{6} \frac{\partial C^{\lambda}_{\alpha\beta\gamma}}{\partial x^{\delta}} \mathring{a}^{\delta} k^{\alpha\beta\gamma} r^3 s + \cdots$$

also

$$X^{\lambda} = \mathring{a}^{\lambda} s + \mathring{k}^{\lambda} r + \frac{1}{2} \frac{\partial C^{\lambda}_{\alpha\beta}}{\partial x^{\gamma}} \mathring{a}^{\gamma} k^{\alpha\beta} r^2 s + \cdots. \tag{1}$$

(Die Parallelverschiebung der k^{α} haben wir wie oben vernachlässigt.) Die Gl. (1) überschieben wir mit $\mathring{a}_{\lambda}$ und erhalten:

$$\mathring{a}_{\lambda} X^{\lambda} = s - r + \frac{1}{2} \frac{\partial C^{\lambda}_{\alpha\beta}}{\partial x^{\gamma}} \mathring{a}^{\gamma} \mathring{a}_{\lambda} k^{\alpha\beta} r^2 s + \cdots \tag{1'}$$

Auf diese Gleichung können wir nun den Operator $\Box$ anwenden, was sich einfach durchführen läßt. Da wir $\Box r$ nur für $s = 0$ berechnen wollen, rechtfertigt sich das Weglassen der Glieder zweiter und höherer Ordnung in s durch:

$$\Box s^2 = 2 s \Box s + 2 g^{\alpha\beta} k_{\alpha} k_{\beta} = 0 \text{ für } s = 0.$$

Für $\Box s$ ergibt sich:

$$\Box s = - \nabla_{\lambda} k^{\lambda}.$$

Weiter

$$\Box (k^{\varkappa\lambda} r^2 s) = s \Box (k^{\varkappa\lambda} r^2) - 2 k^{\mu} \nabla_{\mu} (k^{\varkappa\lambda} r^2) - k^{\varkappa\lambda} r^2 \nabla_{\varrho} k^{\varrho},$$

und für $s = 0$ und wegen $k^{\mu} \nabla_{\mu} = \frac{d}{dr}$

$$= - 6 k^{\varkappa} k^{\lambda} r + (r^5) \tag{2}$$

Analog

$$\Box (k^{\iota\varkappa\lambda} r^3 s) = - 8 k^{\iota\varkappa\lambda} r^2 + \cdots$$
$$\Box (k^{\iota\varkappa\lambda\mu} r^4 s) = - 10 k^{\iota\varkappa\lambda\mu} r^3 + \cdots$$

Für $\Box \mathring{a}_{\lambda} X^{\lambda}$ hat man:

$$\Box \mathring{a}_{\lambda} X^{\lambda} = g^{\alpha\beta} \nabla_{\alpha} \mathring{a}_{\beta} = - g^{\alpha\beta} \Gamma^{\nu}_{\alpha\beta} \mathring{a}_{\nu}.$$

($\mathring{a}_\nu$ ist ja in $O(\xi)$ zu bilden und deshalb konstant.) Darin ist $g^{\alpha\beta}\Gamma^\nu_{\alpha\beta}$ zu entwickeln.

In (1) und (3) hat man jetzt die $C^\lambda_{\alpha\beta}, \ldots$ durch die Christoffelsymbole und ihre Ableitungen und diese durch den Krümmungstensor und seine kovarianten Ableitungen mittels der im vorigen § angegebenen Beziehungen auszudrücken. Damit erhält man die gesuchte Reihe für $\Box r$.

Um von dieser Reihe zu $\Box \frac{1}{r}\Big|_{s=0}$ zu gelangen, beachten wir: Aus Gl. (1) entnimmt man nach Differentation für $s = 0$:

$$r_\alpha = \frac{\partial r}{\partial x^\alpha} = -\mathring{a}_\alpha - k_\alpha - R_\alpha,$$

wobei die Größe R_α mit Gliedern zweiter Ordnung beginnt und proportional zu k_α ist, so daß man hat:

$$R_\alpha R^\alpha = k_\alpha R^\alpha = 0.$$

Dann ist

$$r_\alpha r^\alpha = \mathring{a}_\alpha \mathring{a}_\beta g^{\alpha\beta} - 2 + 2\,\mathring{a}_\alpha R^\alpha.$$

Darin hat man $g^{\alpha\beta}$ noch in eine Reihe zu entwickeln und deren Glieder durch den Krümmungstensor auszudrücken. Dann ergibt sich aus

$$\Box \frac{1}{r} = -\frac{1}{r^2}\Box r + \frac{2}{r^3} r_\alpha r^\alpha$$

endlich die gesuchte Reihe für $\Box \frac{1}{r}$:

$$\begin{aligned}\Box \frac{1}{r} = {} & \left(\frac{1}{2}\nabla_\alpha R_{\lambda\beta} - \frac{1}{12}\nabla_\lambda R_{\alpha\beta}\right)\mathring{a}^\lambda k^{\alpha\beta} - \frac{1}{45} R^{\varrho\cdot\cdot\sigma}_{\cdot\alpha\beta} R_{\varrho\gamma\delta\sigma} k^{\alpha\beta\gamma\delta} r \\ & - \frac{4}{45} R^{\varrho\cdot\cdot\sigma}_{\cdot\lambda\alpha} R_{\varrho\beta\gamma\sigma} \mathring{a}^\lambda k^{\alpha\beta\gamma} r + \left(\frac{1}{5}\nabla_\alpha\nabla_\beta R_{\lambda\gamma} - \frac{1}{20}\nabla_\lambda\nabla_\alpha R_{\beta\gamma}\right)\mathring{a}^\lambda k^{\alpha\beta\gamma} r \\ & - \frac{1}{72}\nabla_\alpha R^{\varrho}_{\cdot\beta\gamma}{}^{\sigma} R_{\varrho\delta\varepsilon\sigma} k^{\alpha\beta\gamma\delta\varepsilon} r^2 + \left(\frac{1}{18}\nabla_\alpha\nabla_\beta\nabla_\gamma R_{\delta\lambda}\right. \\ & + \frac{1}{36}\nabla_\alpha\nabla_\beta\nabla_\lambda R_{\gamma\delta} + \frac{1}{36}\nabla_\alpha\nabla_\lambda\nabla_\beta R_{\gamma\delta} - \frac{13}{180}\nabla_\lambda\nabla_\alpha\nabla_\beta R_{\gamma\delta} \\ & \left. - \frac{1}{18}\nabla_\alpha R^{\varrho\cdot\sigma}_{\cdot\lambda\beta} R_{\varrho\gamma\delta\sigma} + \frac{1}{60} R^{\varrho\cdot\sigma}_{\cdot\alpha\beta}\nabla_\lambda R_{\varrho\gamma\delta\sigma}\right)\mathring{a}^\lambda k^{\alpha\beta\gamma\delta} r^2 + \cdots .\end{aligned}$$

Wie man sieht, beginnt die Entwicklung mit Gliedern der Ordnung r°. Ferner sind die in $\mathring{a}^{\lambda}$ quadratischen Glieder herausgefallen.

§ 4. Die Entwicklung von $G(v)$

Wir kommen jetzt zur Entwicklung von $v(\xi, x)$ und $G(v)$. Zunächst setzen wir für die Koeffizienten der DGl. in $O(\xi)$:

$$\left.\frac{\partial A_\alpha}{\partial x^\beta}\right|_0 = \mathring{A}_{\alpha,\beta}\,, \quad \left.\frac{1}{2}\,\frac{\partial^2 A_\alpha}{\partial x^\beta\,\partial x^\gamma}\right|_0 = \mathring{A}_{\alpha,\beta\gamma}\,, \quad \left.\frac{1}{6}\,\frac{\partial^3 A_\alpha}{\partial x^\beta\,\partial x^\gamma\,\partial x^\delta}\right|_0 = \mathring{A}_{\alpha,\beta\gamma\delta}\,;$$

$$\mathring{H}_{\alpha\beta} = \mathring{A}_{\alpha,\beta} - \mathring{A}_{\beta,\alpha} = -\,\mathring{H}_{\beta\alpha}.$$

Gemäß unserer Festsetzung über die λ-Transformation gilt dann in $O(\xi)$:

$$\left.\begin{aligned} \mathring{A}_\alpha &= 0,\\ \mathring{A}_{\alpha,\beta} + \mathring{A}_{\beta,\alpha} &= 0,\\ \mathring{A}_{\alpha,\beta\gamma} + \mathring{A}_{\beta,\gamma\alpha} + \mathring{A}_{\gamma,\alpha\beta} &= 0,\\ \mathring{A}_{\alpha,\beta\gamma\delta} + \mathring{A}_{\beta,\gamma\delta\alpha} + A_{\gamma,\delta\alpha\beta} + \mathring{A}_{\delta,\alpha\beta\gamma} &= 0. \end{aligned}\right. \tag{1}$$

Für A_α gilt dann die Reihenentwicklung:

$$A_\alpha = \frac{1}{2}\,\mathring{H}_{\alpha\beta} X^\beta + \mathring{A}_{\alpha,\beta\gamma}\, X^\beta X^\gamma + \mathring{A}_{\alpha,\beta\gamma\delta} X^\beta X^\gamma X^\delta + \cdots$$

Setzen wir für X^λ die im vorigen § benutzte Reihe

$$X^\lambda = \mathring{a}^\lambda\, s + k^\lambda\, r + \frac{1}{3}\, R_{\iota\varkappa\mu\cdot}^{\cdot\cdot\cdot\lambda}\mathring{a}^\iota\, k^{\varkappa\mu}\, r^2\, s + \cdots$$

ein, so ergibt sich für die Glieder bis zur dritten Ordnung und ohne Berücksichtigung der in s quadratischen Glieder

$$\left.\begin{aligned} A_\alpha = {} & \frac{1}{2}\,\mathring{H}_{\alpha\beta}(\mathring{a}^\beta s + k^\beta r) + \mathring{A}_{\alpha,\beta\gamma}(k^{\beta\gamma} r^2 + 2\,\mathring{a}^\beta\, k^\gamma\, r\, s)\\ & + \mathring{A}_{\alpha,\beta\gamma\delta}\,(k^{\beta\gamma\delta}\, r^3 + 3\,\mathring{a}^\beta k^{\gamma\delta}\, r^2\, s)\\ & + \frac{1}{6}\,\mathring{H}_{\alpha\beta}\, R_{\iota\varkappa\mu\cdot}^{\cdot\cdot\cdot\beta}\, \mathring{a}^\iota\, k^{\varkappa\mu}\, r^2\, s\,. \end{aligned}\right\} \tag{2}$$

Für die kontravarianten Komponenten hat man:

$$\left.\begin{aligned} A^{\alpha} = {} & \frac{1}{2}\mathring{H}^{\alpha}_{\cdot\beta}(\mathring{a}^{\beta} s + k^{\beta} r) + \mathring{A}^{\alpha}_{\cdot,\beta\gamma}(k^{\beta\gamma} r^2 + 2\,\mathring{a}^{\beta} k^{\gamma} r s) \\ & + \mathring{A}^{\alpha}_{\cdot,\beta\gamma\delta}(k^{\beta\gamma\delta} r^3 + 3\,\mathring{a}^{\beta} k^{\gamma\delta} r^2 s) \\ & + \frac{1}{6}\mathring{H}^{\alpha}_{\cdot\beta} R^{\cdot\cdot\cdot\beta}_{\iota\varkappa\mu\cdot}\,\mathring{a}^{\iota} k^{\varkappa\mu} r^2 s \\ & - \frac{1}{6}\mathring{H}^{\nu}_{\cdot\beta} R^{\cdot\cdot\cdot\alpha}_{\nu\gamma\delta\cdot}\,k^{\gamma\delta} r^2(\mathring{a}^{\beta} s + k^{\beta} r). \end{aligned}\right\} \qquad (2')$$

Die einzelnen Glieder der Reihenentwicklung von $G(v)$ wollen wir durch eckige Klammern bezeichnen, in denen die Größenordnung in r steht. Da $G(v)$ ein Differentialausdruck zweiter Ordnung ist, kann sich die Größenordnung eines Gliedes von v bei Berechnung von $G(v)$ höchstens um 2 erniedrigen.

I. Größenordnung: [—1]

Aus

$$v = \frac{1}{r}\, e^{\frac{1}{2}\int\left(A_{\alpha} k^{\alpha} - \left[\nabla_{\alpha} k^{\alpha} - \frac{2}{r}\right]\right) dr}$$

kommen folgende Glieder in Frage:

$$\nabla_{\alpha} k^{\alpha} = \frac{2}{r}, \qquad A_{\alpha} k^{\alpha} = \frac{1}{2}\mathring{H}_{\alpha\beta} k^{\alpha}\mathring{a}^{\beta} s.$$

Dabei ist das Glied $\mathring{H}_{\alpha\beta} k^{\alpha\beta}$ wegen der Schiefsymmetrie der $H_{\alpha\beta}$ weggefallen. Bei Integration über r sind s und k^{α} konstant, so daß sich ergibt:

$$v_1 = \frac{1}{r} + \frac{1}{4}\mathring{H}_{\alpha\beta} k^{\alpha}\mathring{a}^{\beta} s.$$

Nun ist:

$$G(v) \equiv \Box\, v - A^{\alpha}\nabla_{\alpha} v + (C - \nabla_{\alpha} A^{\alpha})\, v.$$

Für den $\Box$-Operator gilt für $s = 0$:

$$\left[\Box \frac{1}{r}\right]_{-1} = 0, \qquad \Box\, k^{\alpha} s = -\, k^{\alpha}\nabla_{\lambda} k^{\lambda} \doteq -\frac{2\,k^{\alpha}}{r}.$$

(Letzteres bis auf Glieder dritter Ordnung, so daß man bis

zur Berechnung von [2] einschließlich nicht mehr auf diesen Ausdruck einzugehen braucht.) Aus $A^\alpha \frac{\partial v}{\partial x^\alpha}$ kommt in Frage:

$$A^\alpha \frac{\partial v}{\partial x^\alpha} = A^\alpha \frac{\partial \frac{1}{r}}{\partial x^\alpha} = \frac{1}{2r} \mathring{H}^\lambda_{.\beta} k^\beta (\mathring{a}_\lambda + k_\lambda) = \frac{1}{2r} \mathring{H}_{\lambda\beta} \mathring{a}^\lambda k^\beta.$$

Die Glieder nullter Ordnung in $\nabla_\alpha A^\alpha$ verschwinden wegen

$$\nabla_\alpha A^\alpha = g^{\alpha\beta} \frac{\partial A_\alpha}{\partial x^\beta} - g^{\alpha\beta} \Gamma^\mu_{\alpha\beta} A_\mu \quad \text{und} \quad \mathring{A}_\mu = \mathring{A}_{\alpha,\beta} + \mathring{A}_{\beta,\alpha} = 0$$

in $O(\xi)$.

Damit folgt für das erste Glied der Entwicklung

$$[-1] = \frac{1}{r}(C)_0 - \frac{1}{2r} \mathring{H}_{\alpha\beta} \mathring{a}^\beta k^\alpha - \frac{1}{2r} \mathring{H}_{\lambda\beta} \mathring{a}^\lambda k^\beta = \frac{1}{r}(C)_0 .$$

Die Bedingung $G(v) = 0$ liefert dann also

$$(C)_0 = 0. \tag{3}$$

Diese Gleichung gilt unter den speziellen Voraussetzungen über unsere Transformationen. Unsere Aufgabe besteht jetzt darin, einen gegenüber allen drei Transformationsgruppen invarianten Ausdruck zu suchen, der sich unter unseren speziellen Annahmen auf (3) reduziert. Dieser Ausdruck lautet

$$C - \frac{1}{2} \nabla_\alpha A^\alpha - \frac{1}{4} A_\alpha A^\alpha = \frac{R}{6}, \tag{4}$$

wo $R = g^{\iota\varkappa} g^{\mu\nu} R_{\iota\mu\nu\varkappa}$ die skalare Krümmung bedeutet. Auf Grund der invarianten Schreibweise ist (4) gegen Transformation der Koordinaten invariant. Die Invarianz gegen λ- und σ-Transformationen ergibt sich sofort aus den Transformationsformeln von §1. (4) gilt dann in jedem Punkt $O(\xi)$.

In dem von MATHISSON behandelten Spezialfall ist $R = 0$.

Im Spezialfall $\Box u = 0$ ($C = 0$, $A^\alpha = 0$) folgt aus (4) als notwendige Bedingung für die Gültigkeit des HUYGENSschen Prinzips $R = 0$[1]).

---

[1]) Dieses Ergebnis stimmt mit dem Resultat von Herrn Prof. HÖLDER überein. E. HÖLDER: POISSONsche Wellenformel in nichteuklidischen Räumen. Lpz. Ber. 1938.

II. Größenordnung: [0]

Aus den bisher benutzten Teilen von v bleibt in $G(v)$ noch zu betrachten:

$$\left[\Box \frac{1}{r}\right]_0 = \left(\frac{1}{2} \nabla_\iota R_{\varkappa\alpha} - \frac{1}{12} \nabla_\alpha R_{\iota\varkappa}\right) \mathring{a}^\alpha k^{\iota\varkappa}.$$

Nun gilt in $O(\xi)$:

$$\nabla_{(\alpha} L_{\beta\gamma)} = 0. \tag{5}$$

Überschieben wir diese Gleichung mit $g^{\beta\gamma}$, so folgt:

$$-\nabla_\alpha L = \frac{1}{3} \nabla_\alpha R = 0.$$

Dabei hat man $\nabla_\varrho L_{\alpha}^{\cdot\varrho} = \nabla_\alpha L$ zu beachten; eine Relation, die nichts anderes als das Verschwinden der Divergenz von

$$R_{\alpha\beta} - \frac{1}{2} R g_{\alpha\beta}$$

ausdrückt, nur daß $R_{\alpha\beta}$ durch $L_{\alpha\beta}$ ersetzt ist. Damit ist (5) gleichbedeutend mit

$$\nabla_{(\alpha} R_{\beta\gamma)} = 0,$$

und man hat:

$$(\nabla_\alpha R_{\iota\varkappa} + 2 \nabla_\iota R_{\varkappa\alpha}) \mathring{a}^\alpha k^{\iota\varkappa} = 0.$$

Also

$$\left[\Box \frac{1}{r}\right]_0 = -\frac{1}{3} \nabla_\alpha R_{\iota\varkappa} \mathring{a}^\alpha k^{\iota\varkappa}.$$

Aus $A^\alpha \dfrac{\partial \frac{1}{r}}{\partial x^\alpha}$ hat man noch das Glied zu berücksichtigen:

$$\mathring{A}^{\alpha}_{\cdot,\beta\gamma} k^{\beta\gamma} (\mathring{a}_\alpha + k_\alpha) = \mathring{A}_{\alpha,\beta\gamma} \mathring{a}^\alpha k^{\beta\gamma}$$

wegen (1). Weiter hat man

$$[\nabla_\alpha A^\alpha]_1 = 2 \mathring{A}^{\lambda}_{\cdot\lambda\varkappa} k^\varkappa r, \quad \text{wegen} \frac{\partial A_\alpha}{\partial x^\lambda} = \frac{1}{2} \mathring{H}_{\alpha\lambda} + 2 \mathring{A}_{\alpha,\lambda\varrho} X^\varrho + \cdots$$

Also folgt aus $(C - \nabla_\alpha A^\alpha)\, v$:

$$[(C - \nabla_\alpha A^\alpha)\, v]_0 = \left(\frac{\partial C}{\partial x^\varkappa} - 2 \mathring{A}^{\varrho}_{\cdot,\varrho\varkappa}\right) k^\varkappa.$$

Aus den bisher berechneten Gliedern von v ergibt sich also:

$$[0]' = \left(-\frac{1}{3}\nabla_\alpha R_{\iota\varkappa} - \mathring{A}_{\alpha,\iota\varkappa}\right)\mathring{a}^\alpha k^{\iota\varkappa} + \left(\frac{\partial C}{\partial x^\varkappa} - 2\mathring{A}^{\varrho}_{\cdot,\varrho\varkappa}\right)_0 k^\varkappa.$$

Es werden nun noch die Glieder zweiter Ordnung aus v benötigt; aus $A_\alpha k^\alpha$ wird gebraucht $2\mathring{A}_{\iota,\alpha\varkappa}\mathring{a}^\alpha k^{\iota\varkappa} rs$, in v ergibt dies:

$$\frac{1}{2}\mathring{A}_{\iota,\alpha\varkappa}\mathring{a}^\alpha k^{\iota\varkappa} rs.$$

Unter Benutzung von

$$\square k^{\iota\varkappa} rs = -4 k^{\iota\varkappa}$$

hat man in $G(v)$:

$$-2\mathring{A}_{\iota,\alpha\varkappa}\mathring{a}^\alpha k^{\iota\varkappa}.$$

Die Glieder zweiter Ordnung in $\nabla_\lambda k^\lambda$ lauten:

$$\frac{1}{3}\nabla_\alpha R_{\iota\varkappa}\mathring{a}^\alpha k^{\iota\varkappa} rs.$$

Daraus kommt in $G(v)$ bei Anwendung des $\square$-Operators

$$\frac{1}{3}\nabla_\alpha R_{\iota\varkappa}\mathring{a}^\alpha k^{\iota\varkappa},$$

so daß sich endgültig in $G(v)$ ergibt:

$$[0] = -(\mathring{A}_{\alpha,\iota\varkappa} + 2\mathring{A}_{\iota,\alpha\varkappa})\mathring{a}^\alpha k^{\iota\varkappa} + \left(\frac{\partial C}{\partial x^\varkappa} - 2\mathring{A}^{\varrho}_{\cdot\varrho\varkappa}\right) k^\varkappa$$

Wegen der Gl. (1) fällt das erste Glied fort.

Aus einer Gleichung $Q_\lambda k^\lambda$ in $O(\xi)$ für alle k^λ, folgt aber $Q_\lambda = 0$. Also erhalten wir die notwendige Bedingung

$$\frac{\partial C}{\partial x^\varkappa} - 2\mathring{A}^{\varrho}_{\cdot,\varrho\varkappa} = 0. \tag{6}$$

Aus den Gl. (1) dieses § folgt aber durch Überschieben mit dem Fundamentaltensor

$$2\mathring{A}^{\varrho}_{\cdot,\varrho\varkappa} + \mathring{A}_{\varkappa,\varrho}{}^{\varrho}_{\cdot} = 0, \quad -\mathring{A}^{\varrho}_{\cdot,\varrho\varkappa} = \frac{1}{3}(\mathring{A}_{\varkappa,\varrho}{}^{\varrho}_{\cdot} - \mathring{A}^{\varrho}_{\cdot,\varrho\varkappa}).$$

Also hat man aus (6)

$$\frac{1}{3}(\mathring{A}_{\varkappa,\varrho}{}^{\varrho}_{\cdot} - \mathring{A}^{\varrho}_{\cdot,\varrho\varkappa}) + \left[\frac{\partial}{\partial x^\varkappa}\left(C - \frac{1}{2}\nabla_\alpha A^\alpha\right)\right]_0 = 0.$$

Die letzte Klammer ist nach der Gl. (4):

$$\frac{\partial}{\partial x^{\varkappa}}\left(C-\frac{1}{2}\nabla_{\alpha}A^{\alpha}\right)=\frac{1}{6}\frac{\partial R}{\partial x^{\varkappa}}+\frac{1}{4}\frac{\partial}{\partial x^{\varkappa}}(A_{\varrho}A^{\varrho})=0 \text{ in } O(\xi),$$

so daß wir erhalten:

$$\mathring{A}_{\varkappa,\varrho\cdot}^{\cdot\cdot\varrho}-\mathring{A}^{\varrho}_{\cdot,\varrho\varkappa}=0\,. \tag{7}$$

Auch hier haben wir einen Ausdruck zu suchen, der invariant gegen alle drei Transformationsgruppen ist und sich unter unseren speziellen Transformationen auf (7) reduziert. Zu dem Zweck berechnen wir:

$$\begin{aligned}\square A_{\varkappa}&=g^{\alpha\beta}\nabla_{\alpha}\left(\frac{\partial}{\partial x^{\beta}}A_{\varkappa}-\Gamma^{\mu}_{\beta\varkappa}A_{\mu}\right)\\&=g^{\alpha\beta}\left(\frac{\partial^{2}A_{\varkappa}}{\partial x^{\alpha}\partial x^{\beta}}-\frac{\partial\Gamma^{\mu}_{\beta\varkappa}}{\partial x^{\alpha}}A_{\mu}-\cdots\right),\end{aligned}$$

also in $O(\xi)$:

$$=g^{\alpha\beta}\left.\frac{\partial^{2}A_{\varkappa}}{\partial x^{\alpha}\partial x^{\beta}}\right|_{0}=2\,\mathring{A}_{\varkappa,\varrho\cdot}^{\cdot\cdot\varrho}.$$

Weiterhin erhält man in $O(\xi)$:

$$\nabla_{\varrho}\nabla_{\varkappa}A^{\varrho}=2\,A^{\varrho}_{\cdot,\varrho\varkappa},$$

so daß die Gl. (7) gleichbedeutend ist mit

$$\square A_{\varkappa}-\nabla_{\varrho}\nabla_{\varkappa}A^{\varrho}=0,$$

oder unter Vertauschung der kovarianten Ableitungen

$$\square A_{\varkappa}-\nabla_{\varkappa}\nabla_{\varrho}A^{\varrho}+R_{\varkappa\varrho}A^{\varrho}=0. \tag{8}$$

Diese vier notwendigen Bedingungen (8) erlauben die folgende Interpretation. Faßt man den Vektor $A_{\varkappa}$ als das Viererpotential eines elektromagnetischen Feldes auf, so stellen (8) gerade die für dieses Potential gültigen Wellengleichungen dar. Setzt man

$$H_{\alpha\beta}=\nabla_{\beta}A_{\alpha}-\nabla_{\alpha}A_{\beta}, \tag{9a}$$

führt also die elektromagnetische Feldstärke ein, so sind die

Gl. (8) gleichbedeutend mit

$$\nabla_\varrho H_{\varkappa}^{\cdot\varrho} = 0. \tag{9b}$$

Da für einen schiefsymmetrischen Tensor zweiter Stufe $H_{\alpha\beta} = \nabla_{[\alpha} A_{\beta]}$ gilt

$$\nabla_{[\alpha} H_{\beta\gamma]} = 0, \tag{9c}$$

so ist (8) auch gleichbedeutend mit (9b) und (9c), die gerade das System der Maxwellschen Gleichungen für den Riemannschen Raum darstellen. Die nächste Bedingung wird uns einen Ausdruck für den elektromagnetischen Energietensor liefern.

III. Größenordnung: [1]

Wir berücksichtigen auch wieder zunächst die Glieder, die aus dem bisher benutzten Teil v_2 von v entspringen und fassen sie in $G(v)$ zu einem Ausdruck $[1]'$ zusammen.

$$v_2 = \frac{1}{r} + \frac{1}{4} \mathring{H}_{\alpha\beta} k^\alpha \mathring{a}^\beta s + \left(\frac{1}{2} \mathring{A}_{\iota,\alpha\varkappa} - \frac{1}{12} \nabla_\alpha R_{\iota\varkappa}\right) \mathring{a}^\alpha k^{\iota\varkappa} r s.$$

Zunächst kommt aus $(C - \nabla_\alpha A^\alpha) v$, das folgende Glied in Frage:

$$\frac{1}{2} \frac{\partial^2}{\partial x^\iota \partial x^\varkappa} (C - \nabla_\alpha A^\alpha) k^{\iota\varkappa} r.$$

Ferner berechnen wir:

$$\left[A^\alpha \frac{\partial v}{\partial x^\alpha}\right]_1 = \left[A^\alpha\right]_1 \left[\frac{\partial v}{\partial x^\alpha}\right]_0 + \left[A^\alpha\right]_3 \left[\frac{\partial v}{\partial x^\alpha}\right]_{-2}.$$

Nun ist:

$$\left[\frac{\partial v}{\partial x^\alpha}\right]_0 = -\frac{1}{r^2} \left[\frac{\partial r}{\partial x^\alpha}\right]_2 - \frac{1}{4} \mathring{H}_{\lambda\mu} k^\lambda \mathring{a}^\mu k_\alpha,$$

mit

$$\left[\frac{\partial r}{\partial x^\alpha}\right]_2 = -\frac{1}{3} R_{\alpha\iota\varkappa\beta} \mathring{a}^\alpha \mathring{a}^\beta k^{\iota\varkappa} k_\alpha r^2$$

bemerkt man:

$$\left[A^\alpha\right]_1 \left[\frac{\partial v}{\partial x^\alpha}\right]_0 = \frac{1}{2} \mathring{H}^{\alpha}_{\cdot\beta} k^\beta r (\cdots) k_\alpha = 0.$$

Aus der Reihe (2′) entnimmt man $[A^{\varkappa}]_3$ und mit Hilfe von

$$\frac{\partial}{\partial x^{\alpha}}\left(\frac{1}{r}\right)=\frac{1}{r^2}(\mathring{a}_{\alpha}+k_{\alpha})$$

folgt:

$$-\left[A^{\alpha}\right]_3\left[\frac{\partial v}{\partial x^{\alpha}}\right]_{-2}=\frac{1}{6}\,\mathring{H}^{\varrho}_{\cdot\,\iota}R_{\varrho\varkappa\mu\alpha}\,\mathring{a}^{\alpha}\,k^{\iota\varkappa\mu}\,r-\mathring{A}_{\alpha,\iota\varkappa\mu}\,\mathring{a}^{\alpha}\,k^{\iota\varkappa\mu}\,r.$$

Damit ergibt sich für den Ausdruck

$$\begin{aligned}[1]'=&\frac{1}{2}\frac{\partial^2}{\partial x^{\iota}\partial x^{\varkappa}}(C-\nabla_{\lambda}A^{\lambda})\,k^{\iota\varkappa}\,r\\&+\left(\frac{1}{6}\mathring{H}^{\varrho}_{\cdot\,\iota}R_{\varrho\varkappa\mu\alpha}-\mathring{A}_{\alpha,\iota\varkappa\mu}\right)\mathring{a}^{\alpha}\,k^{\iota\varkappa\mu}\,r+\left[\Box\frac{1}{r}\right]_1.\end{aligned}$$

Es ist nun das Glied der Größenordnung 3 in v aufzustellen und darauf der Operator $\Box$ anzuwenden. In der Reihe für die e-Funktion

$$e^{f(x)}=1+f(x)+\frac{1}{2}f^2(x)+\cdots$$

hat man jetzt nicht nur das lineare Glied, sondern auch das quadratische zu betrachten. Die aus $A_{\lambda}k^{\lambda}$ entspringenden Ausdrücke dieser Art fassen wir zu einem Ausdruck A zusammen und haben

$$A=\frac{1}{r}\cdot\frac{1}{2}\int_0^r[A_{\lambda}k^{\lambda}]_3\,dr+\frac{1}{4}\,\frac{1}{r}\left(\int_0^r[A_{\lambda}k^{\lambda}]_1\,dr\right)^2.$$

Für $[A_{\lambda}k^{\lambda}]_3$ ergibt sich:

$$[A_{\lambda}k^{\lambda}]_3=[A_{\lambda}]_1\,[k^{\lambda}]_2+[A_{\lambda}]_3\,[k^{\lambda}]_0.$$

Aus den Berechnungen des vorigen Abschnittes entnimmt man

$$k^{\lambda}=\mathring{k}^{\lambda}+\frac{2}{3}\,R_{\alpha\iota\varkappa\cdot}^{\cdots\lambda}\,\mathring{a}^{\alpha}\mathring{k}^{\iota\varkappa}\,r\,s+\cdots,$$

so daß mit der Reihe (2) sich ergibt

$$[A_{\lambda}k^{\lambda}]_3=\left(\frac{1}{6}\,\mathring{H}_{\varrho\iota}R_{\alpha\varkappa\mu\cdot}^{\cdots\varrho}+3\,\mathring{A}_{\iota,\alpha\varkappa\mu}\right)\mathring{a}^{\alpha}\,k^{\iota\varkappa\mu}\,r^2\,s.$$

In A liefert dies

$$\frac{1}{6}[A_\lambda k^\lambda]_3$$

und unter Beachtung von

$$\Box k^{\iota\varkappa\mu} r^2 s = -6 k^{\iota\varkappa\mu} r$$

erhält man in $G(v)$

$$-\left(\frac{1}{6}\mathring{H}_{\varrho\iota}R_{\alpha\varkappa\mu\cdot}^{\ \ \ \ \varrho} + 3\,\mathring{A}_{\iota,\alpha\varkappa\mu}\right)\mathring{a}^\alpha k^{\iota\varkappa\mu} r$$

ein Ausdruck, der sich gerade gegen die zweite Klammer in [1]′ weghebt.

Der zweite Term in A ergibt einen mit s^2 multiplizierten Ausdruck, der also fortgelassen werden kann.

Wir haben noch $\left[\Box\frac{1}{r}\right]_1$ und die aus $\nabla_\lambda k^\lambda$ in v entspringenden Ausdrücke zu betrachten. Zunächst ist

$$\left[\Box\frac{1}{r}\right]_1 = \left(\frac{1}{5}\nabla_\iota\nabla_\varkappa R_{\mu\alpha} - \frac{1}{20}\nabla_\alpha\nabla_\iota R_{\varkappa\mu} - \frac{4}{45}R_{\varrho\iota\varkappa\cdot}^{\ \ \ \ \sigma}R^{\varrho}_{\cdot\mu\alpha\sigma}\right)\mathring{a}^\alpha k^{\iota\varkappa\mu} r$$
$$-\frac{1}{45}R_{\varrho\iota\varkappa\cdot}^{\ \ \ \ \sigma}\cdot R^{\varrho}_{\cdot\mu\nu\sigma}k^{\iota\varkappa\mu\nu} r.$$

Aus $\nabla_\lambda k^\lambda$ hat man zu benutzen

$$[\nabla_\lambda k^\lambda]_3 = \frac{1}{4}\nabla_\alpha\nabla_\iota R_{\varkappa\mu}\mathring{a}^\alpha k^{\iota\varkappa\mu} r^2 s - \frac{1}{45}R_{\varrho\iota\varkappa\cdot}^{\ \ \ \ \sigma}R^{\varrho}_{\cdot\mu\nu\sigma}k^{\iota\varkappa\mu\nu} r^3.$$

In v ergibt dies:

$$v = -\frac{1}{24}\nabla_\alpha\nabla_\iota R_{\varkappa\mu}\,a^\alpha k^{\iota\varkappa\mu} r^2 s + \frac{1}{360}R_{\varrho\iota\varkappa\cdot}^{\ \ \ \ \sigma}R^{\varrho}_{\cdot\mu\nu\sigma}k^{\iota\varkappa\mu\nu} r^3;$$

wegen

$$\Box k^{\iota\varkappa\mu} r^2 s = -6 k^{\iota\varkappa\mu} r + \cdots$$

ergibt das erste Glied mit den beiden ersten Gliedern aus $\left[\Box\frac{1}{r}\right]_1$ in $G(v)$

$$\frac{1}{5}(\nabla_\iota\nabla_\varkappa R_{\mu\alpha} + \nabla_\alpha\nabla_\iota R_{\varkappa\mu})\,\mathring{a}^\beta k^{\iota\varkappa\mu}.$$

Nun gilt in $O(\xi)$:

$$\nabla_{(\iota}\nabla_\varkappa R_{\mu\nu)} - \frac{1}{6}g_{(\iota\varkappa}\nabla_\mu\nabla_{\nu)}R = 0.$$

Überschieben mit $\mathring{a}^\nu k^{\iota\varkappa\mu}$ ergibt:

$$3(\nabla_\iota \nabla_\varkappa R_{\mu\alpha} + \nabla_\alpha \nabla_\iota R_{\varkappa\mu})\, \mathring{a}^\alpha k^{\iota\varkappa\mu} + \frac{1}{2} \nabla_\iota \nabla_\varkappa R \cdot k^{\iota\varkappa} = 0$$

(wegen $R_{\iota\varkappa} = 0$ in $O(\xi)$ sind die zweiten kovarianten Ableitungen von $R_{\iota\varkappa}$ vertauschbar). Damit bleibt in $G(v)$:

$$-\frac{1}{30} \nabla_\iota \nabla_\varkappa R \cdot k^{\iota\varkappa}.$$

Wir müssen nun $\square k^{\iota\varkappa\mu\nu} r^3$ berechnen. Dazu beachten wir

$$X^\lambda = \mathring{a}^\lambda s + k^\lambda r + \cdots$$

Differentation nach x^μ ergibt:

$$g^\lambda_\mu = -\mathring{a}^\lambda k_\mu - k^\lambda \mathring{a}_\mu - k^\lambda k_\mu + r \frac{dk^\lambda}{\partial x^\mu} + \cdots$$

also

$$\frac{\partial k^\lambda}{\partial x^\mu} = \frac{1}{r} \{ g^\lambda_\mu + \mathring{a}^\lambda k_\mu + k^\lambda \mathring{a}_\mu + k^\lambda k_\mu \} + \cdots$$

Die weggelassenen Glieder sind von der Größenordnung r. Damit berechnet man sofort:

$$\square k^{\iota\varkappa\mu\nu} r^3 = 2r \Big(\sum_{(\iota\varkappa)} g^{\iota\varkappa} k^{\mu\nu} + 4\, \mathring{a}^\iota k^{\varkappa\mu\nu} + 4\, \mathring{a}^\varkappa k^{\mu\nu\iota} + 4\, \mathring{a}^\mu k^{\nu\iota\varkappa} + 4\, \mathring{a}^\nu k^{\iota\varkappa\mu} + 4\, k^{\iota\varkappa\mu\nu} \Big) + \cdots$$

Dabei bedeutet $\sum_{(\iota\varkappa)}$, daß über alle Kombinationen der vier Indizes summiert werden soll.

Die fortgelassenen Glieder sind von der Größenordnung r^3, brauchen also auch in [2] nicht berücksichtigt zu werden. Damit ergibt sich für den Ausdruck in v:

$$\frac{1}{360} R_{\varrho\iota\varkappa\cdot}^{\;\;\;\;\;\sigma} R^\varrho_{\cdot\mu\nu\sigma} k^{\iota\varkappa\mu\nu} r^3$$

in $G(v)$:

$$\frac{4}{45} R_{\varrho\iota\varkappa\cdot}^{\;\;\;\;\;\sigma} R^\varrho_{\cdot\mu\nu\sigma} \mathring{a}^\iota k^{\varkappa\mu\nu} + \frac{1}{45} R_{\varrho\iota\varkappa\cdot}^{\;\;\;\;\;\sigma} R^\varrho_{\cdot\mu\nu\sigma} k^{\iota\varkappa\mu\nu} r + R_{\varrho\iota\varkappa}^{\;\;\;\;\;\sigma} R^\varrho_{\cdot\mu\nu\sigma} \sum g^{\iota\varkappa} k^{\mu\nu} r.$$

Die ersten beiden Ausdrücke heben sich gerade gegen die

beiden letzten Terme von $\left[\Box \frac{1}{r}\right]_1$ weg. Damit kommt endgültig

$$\left.\begin{aligned}[1] = \frac{1}{2} \frac{\partial^2}{\partial x^\iota \partial x^\varkappa} (C - \nabla_\alpha A^\alpha)\, k^{\iota\varkappa} r - \frac{1}{30} \nabla_\iota \nabla_\varkappa R \cdot k^{\iota\varkappa} r \\ + R_{\varrho\iota\varkappa\cdot}{}^{\sigma} R^{\varrho}_{\cdot\mu\nu\sigma} \sum_{(\iota\varkappa)} k^{\iota\varkappa} g^{\mu\nu} r.\end{aligned}\right\} \tag{10}$$

In einer vierdimensionalen RIEMANNschen Mannigfaltigkeit gelten nun für die Konformkrümmungsgröße[1]).

$$C_{\alpha\beta\gamma\delta} = R_{\alpha\beta\gamma\delta} - 2\, g_{[\alpha\,[\gamma}\, L_{\beta]\,\delta]}$$

die folgenden Identitäten[2]):

$$\left.\begin{aligned}C^{\varrho\sigma\tau}_{\cdot\cdot\cdot\alpha}\, C_{\varrho\sigma\tau\beta} = \frac{1}{4} g_{\alpha\beta}\, C^{\varrho\sigma\tau\omega} C_{\varrho\sigma\tau\omega}, \\ C^{\varrho\sigma\tau}_{\cdot\cdot\cdot\alpha}\, C_{\tau\sigma\varrho\beta} = \frac{1}{4} g_{\alpha\beta}\, C^{\varrho\sigma\tau\omega} C_{\tau\sigma\varrho\omega}.\end{aligned}\right\} \tag{11}$$

Diese Identitäten beweisen wir mittels der Formel

$$4\, C^{\alpha\beta\gamma\delta} = e^{\alpha\beta\alpha_1\alpha_2} e^{\gamma\delta\alpha_3\alpha_4}\, C_{\alpha_1\alpha_2\alpha_3\alpha_4} \tag{*}$$

in der

$$e^{\alpha\beta\gamma\delta} = \pm \frac{1}{\sqrt{-g}}, \quad g = \det(g_{\alpha\beta})$$

ist, wobei das +- oder —-Zeichen gilt, jenachdem ob die Permutation $\alpha\beta\gamma\delta$ gerade oder ungerade ist. Für den kovarianten e-Tensor ist das Vorzeichen in einer Metrik mit $g < 0$ gerade umgekehrt. Um (*) zu verifizieren, beachten wir die bekannten Gleichungen

$$C^{\cdot\,\cdot\,\cdot\,\alpha}_{\alpha\beta\gamma} = 0.$$

In einem orthogonalen Bezugssystem zerfallen diese in zwei Gruppen, z. B.:

$$C_{0120} - C_{3123} = 0$$
$$C_{0110} - C_{2112} - C_{3113} = 0.$$

---

[1]) SCHOUTEN, loc. cit., S. 168.

[2]) Diese Identitäten hat erstmalig R. BACH mittels eines speziellen Koordinatensystems bewiesen. R. BACH, Zur WEYLSCHEN Relativitätstheorie. Math. Ztschr. 9 (1921), S. 110. Der hier gegebene Beweis ist von dem dortigen unabhängig.

Dieses System läßt sich, wie man sofort sieht, auch schreiben:

$$C_{\alpha\beta\gamma\delta} = C^{\alpha_1\beta_1\gamma_1\delta_1},$$

wobei die Indizes $\alpha_1\beta_1\gamma_1\delta_1$ so zu wählen sind, daß $\alpha\beta\alpha_1\beta_1$ und $\gamma\delta\gamma_1\delta_1$ eine gerade Permutation der Ziffern 0, 1, 2, 3 darstellen. Die letzte Gleichung ist aber in jedem orthogonalen Bezugssystem mit (*) gleichbedeutend.

Mit Hilfe von (*) ergibt sich:

$$16\, C^{\varrho\sigma\tau\alpha}\, C_{\varrho\sigma\tau\beta} = e^{\varrho\sigma\alpha_1\alpha_2}\, e^{\tau\alpha\alpha_3\alpha_4}\, e_{\varrho\sigma\beta_1\beta_2}\, e_{\tau\beta\beta_3\beta_4}\, C_{\alpha_1\alpha_2\alpha_3\alpha_4}\, C^{\beta_1\beta_2\beta_3\beta_4}.$$

Nun ist:

$$e^{\varrho\sigma\alpha_1\alpha_2}\, e_{\varrho\sigma\beta_1\beta_2} = \delta^{\alpha_1\alpha_2}_{[\beta_1\beta_2]}$$

$$e^{\tau\alpha\alpha_3\alpha_4}\, e_{\tau\beta\beta_3\beta_4} = \delta^{\alpha\alpha_3\alpha_4}_{[\beta\beta_3\beta_4]},$$

womit man sofort die erste der behaupteten Identitäten einsieht.

Die zweite Identität beweist man analog.

In $O(\xi)$ galt nun:

$$L_{\varkappa\lambda} = 0,$$

so daß dort die Konformkrümmungsgröße mit dem RIEMANNschen Krümmungstensor identisch ist. Die Identitäten (11) gelten also für $R_{\iota\varkappa\lambda\mu}$. Damit folgt:

$$R_{\varrho\iota\varkappa\cdot}{}^{\sigma}\, R^{\varrho}_{\cdot\mu\nu\sigma} \sum_{(\iota\varkappa)} k^{\iota\varkappa}\, g^{\mu\nu} = 0,$$

so daß gilt:

$$\frac{1}{r}[1] = \frac{1}{2}\Big[-\frac{1}{4}\frac{\partial^2}{\partial x^\mu\,\partial x^\nu}(\nabla_\alpha A^\alpha) - \frac{1}{4}\frac{\partial^2}{\partial x^\mu\,\partial x^\nu}(\nabla_\alpha A^\alpha) + \frac{\partial^2}{\partial x^\mu\,\partial x^\nu}\Big(C - \frac{1}{2}\nabla_\alpha A^\alpha\Big) - \frac{1}{15}\nabla_\mu\nabla_\nu R\Big]\, k^{\mu\nu}.$$

Nun gilt gemäß unserer Festsetzung über die λ-Transformation:

$$\mathring{A}^{\varrho}_{\cdot,\mu\nu\varrho} + \mathring{A}_{\mu,\nu\cdot\varrho}^{\ \ \varrho} + \mathring{A}_{\nu,\varrho\cdot\mu}^{\ \ \varrho} + \mathring{A}^{\varrho}_{\cdot,\varrho\mu\nu} = 0,$$

d. h.:

$$\Big[2\, g^{\alpha\beta}\frac{\partial^3 A_\alpha}{\partial x^\mu\,\partial x^\nu\,\partial x^\beta} + g^{\alpha\beta}\frac{\partial^3 A_\mu}{\partial x^\nu\,\partial x^\alpha\,\delta x^\beta} + g^{\alpha\beta}\frac{\partial^3 A_\nu}{\partial x^\alpha\,\partial x^\beta\,\partial x^\mu}\Big]_0 = 0. \quad (12)$$

Weiter ist:

$$\frac{\partial^2}{\partial x^\mu \partial x^\nu}(\nabla_\alpha A^\alpha)|_0 = \Big[g^{\alpha\beta}\frac{\partial^3 A_\alpha}{\partial x^\beta \partial x^\mu \partial x^\nu} + \frac{\partial^2 g^{\alpha\beta}}{\partial x^\mu \partial x^\nu}\frac{\partial A_\beta}{\partial x^\alpha} - g^{\alpha\beta}\Big\{\frac{\partial \Gamma^\varkappa_{\alpha\beta}}{\partial x^\nu} A_{\varkappa,\mu} + \frac{\partial \Gamma^\varkappa_{\alpha\beta}}{\partial x^\mu} A_{\varkappa,\nu}\Big\}\Big]_0 .$$

Wegen $g^{\alpha\beta}\dfrac{\partial \Gamma^\varkappa_{\alpha\beta}}{\partial x^\nu} = \dfrac{2}{3} R_\nu^{\cdot\varkappa} = 0$ in $O(\xi)$ folgt daraus:

$$\frac{\partial^2}{\partial x^\mu \partial x^\nu}(\nabla_\alpha A^\alpha)_0 = g^{\alpha\beta}\frac{\partial^3 A_\alpha}{\partial x^\beta \partial x^\mu \partial x^\nu}\Big|_0$$

Ferner ist:

$$\frac{\partial}{\partial x^\nu}\Box A_\mu|_0 = g^{\alpha\beta}\left(\frac{\partial^3 A_\mu}{\partial x^\alpha \partial x^\beta \partial x^\nu}\right)_0 + \frac{1}{3}(R_{\nu\alpha\mu}{}^\varkappa + R_{\nu\mu\alpha}{}^\varkappa)\,A^{\cdot\alpha}_{\varkappa,}$$

Also:

$$\frac{\partial}{\partial x^\nu}\Box A_\mu + \frac{\partial}{\partial x^\mu}\Box A_\nu = \left[g^{\alpha\beta}\frac{\partial^3 A_\nu}{\partial x^\mu \partial x^\alpha \partial x^\beta} + g^{\alpha\beta}\frac{\partial^3 A_\mu}{\partial x^\nu \partial x^\alpha \partial x^\beta}\right]_0 .$$

(12) ist damit gleichbedeutend mit:

$$\left[2\frac{\partial^2}{\partial x^\mu \partial x^\nu}(\nabla_\alpha A^\alpha) + \frac{\partial}{\partial x}(\Box A_\mu) + \frac{\partial}{\partial x^\mu}(\Box A_\nu)\right]_0 = 0 .$$

Überschieben mit $k^{\nu\mu}$ liefert:

$$\left[\frac{\partial^2 \nabla_\alpha A^\alpha}{\partial x^\mu \partial x^\nu} + \frac{\partial}{\partial x^\nu}\Box A_\mu\right]_0 k^{\mu\nu} = 0 .$$

[1] nimmt damit die Gestalt an:

$$\frac{1}{r}[1] = \frac{1}{2}\Big[\frac{1}{4}\frac{\partial}{\partial x^\nu}\Box A_\mu - \frac{1}{4}\frac{\partial^2}{\partial x^\mu \partial x^\nu}(\nabla_\alpha A^\alpha) + \frac{\partial^2}{\partial x^\mu \partial x^\nu}\Big(C - \frac{1}{2}\nabla_\alpha A^\alpha\Big) - \frac{1}{15}\nabla_\mu \nabla_\nu R\Big]_0 k^{\mu\nu} .$$

Aus den Gl. (8) folgt nun:

$$\frac{\partial}{\partial x^\nu}\left(\Box A_\mu - \frac{\partial}{\partial x^\mu}\nabla_\alpha A^\alpha\right)_0 = -\frac{\partial}{\partial x^\nu}(R_{\mu\varrho} A^\varrho) = 0 .$$

Unter Verwendung der Gl. (4) erhalten wir:

$$\frac{1}{r}[1] = \left(\frac{1}{8}\frac{\partial^2}{\partial x^\mu \partial x^\nu} A_\varrho A^\varrho + \frac{1}{20}\nabla_\mu \nabla_\nu R\right)_0 k^{\mu\nu} = 0 ,$$

oder wegen $$\frac{\partial^2}{\partial x^\mu \partial x^\nu} A_\varrho A^\varrho|_0 = \frac{1}{2} \mathring{H}_{\mu\alpha} \mathring{H}_\nu^{\cdot\alpha}$$

$$\left(\frac{1}{4} H_{\mu\alpha} H_\nu^{\cdot\alpha} + \frac{1}{5} \nabla_\mu \nabla_\mu R\right) k^{\mu\nu} = 0 .$$

Aus einer Bedingung $F_{\lambda\mu} k^{\lambda\mu} = 0$ in $O(\xi)$ für alle k^λ folgt nun bekanntlich: $F_{\lambda\mu} = \frac{1}{4} g_{\lambda\mu} F_{\alpha\beta} g^{\varkappa\beta}$, so daß wir erhalten: ($\Box\, R = 0$!)

$$-\frac{1}{5} \nabla_\mu \nabla_\nu R = \frac{1}{4} H_{\mu\alpha} H_\nu^{\cdot\alpha} - \frac{1}{16} \mathring{g}_{\mu\nu} \mathring{H}_{\alpha\beta} \mathring{H}^{\alpha\beta} . \tag{13}$$

Da die $H_{\alpha\beta}$ invariant gegen alle Transformationen sind, gilt dies auch für die rechte Seite von (13). Für die linke Seite gilt dies noch nicht, und wir haben einen Ausdruck zu suchen, der invariant ist, und sich unter unseren Voraussetzungen auf $\nabla_\mu \nabla_\nu R$ reduziert. Dies gilt für:

$$P_{\mu\nu} = \nabla^\alpha \nabla_{[\alpha} L_{\mu]\nu} - \frac{1}{2} C^{\varrho\ \cdot\sigma}_{\cdot\mu\nu} L_{\varrho\sigma} .$$

Dieser Ausdruck hängt nur ab von den $g_{\alpha\beta}$ und ihren Ableitungen bis zur vierten Ordnung. Er ist also gegen λ-Transformationen invariant. Die Konforminvarianz hat bereits SCHOUTEN bewiesen[1]). Daß er sich unter der Annahme

$$L_{\varkappa\lambda} = \nabla_{(\varkappa} \nabla_\lambda L_{\mu\nu)} = 0$$

auf $\nabla_\mu \nabla_\nu R$ reduziert, sieht man aus der Identität:

$$\Box\, L_{\mu\nu} - \nabla_\mu \nabla_\nu L + R_{\mu\varrho} L^\varrho_{\cdot\nu} - R^{\sigma\ \cdot\varrho}_{\cdot\mu\nu} L_{\sigma\varrho} = 2 \nabla^\alpha \nabla_{[\alpha} L_{\mu]\nu}$$

und der aus $\nabla_{(\varkappa} \nabla_\lambda L_{\mu\nu)} = 0$ durch Überschieben mit dem Fundamentaltensor unter Beachtung von $\nabla_\varkappa L^\varkappa_\varrho = \nabla_\varrho L$ und $L_{\varkappa\lambda} = 0$ folgenden Gleichung:

$$\Box L_{\mu\nu} + 5\, \nabla_\mu \nabla_\nu L = 0 .$$

Damit haben wir die folgende Bedingung gewonnen:

$$\nabla^\alpha \nabla_{[\alpha} L_{\mu]\nu} - \frac{1}{2} C^{\varrho\ \cdot\sigma}_{\cdot\mu\nu} L_{\sigma\varrho} = -\frac{5}{4} \left(H_{\alpha\mu} H^{\alpha}_{\cdot\nu} - \frac{1}{4} g_{\mu\nu} H_{\alpha\beta} H^{\alpha\beta}\right) . \tag{14}$$

1) SCHOUTEN u. HAANTJES: Beiträge zur allgemeinen (gekrümmten) konformen Differentialgeometrie II. Math. Ann. 113, S. 568.

Deuten wir die $H_{\alpha\beta}$ wieder als elektromagnetische Feldstärke, so stellt die rechte Seite gerade den Energietensor dar, dessen Divergenz verschwindet. Die linke Seite hängt nur ab von den metrischen Eigenschaften des Raumes, so daß man (14) als eine Art Gravitationsgleichungen zu deuten hätte. Wie R. BACH[1]) gezeigt hat, läßt sich $P_{\mu\nu}$ als HAMILTONsche Ableitung eines Wirkungsprinzips herleiten. Damit verschwindet dann aber bekanntlich die Divergenz, was man aber auch leicht direkt verifizieren kann.

Ist nun die durch $g_{\mu\nu}$ bestimmte Metrik eine EINSTEINsche, d. h. ist

$$R_{\varkappa\lambda} = \frac{1}{4} R g_{\varkappa\lambda}, \tag{15}$$

so verschwindet der Tensor $P_{\mu\nu}$. In diesem Fall folgt:

$$H_{\alpha\mu} H^{\alpha}_{\cdot\nu} - \frac{1}{4} g_{\mu\nu} H_{\alpha\beta} H^{\alpha\beta} = 0,$$

woraus man leicht den Schluß zieht [2]):

$$H_{\alpha\beta} = \frac{\partial A_\alpha}{\partial x^\beta} - \frac{\partial A_\beta}{\partial x^\alpha} = 0.$$

Dann lassen sich also die Gleichungen

$$A_\alpha + 2\frac{\partial \log \lambda}{\partial x^\alpha} = 0$$

integrieren und die A_α durch eine λ-Transformation beseitigen, so daß sich die allgemeine Gl. (1) § 1, wegen (4) auf

$$\Box u + \frac{R}{6} u = 0$$

reduziert. Die Gl. (15) ist aber keineswegs notwendig für das Verschwinden von $P_{\mu\nu}$.)

---

[1]) loc. cit.

[2]) MATHISSON, Acta Math. loc. cit, S. 284.

IV. Größenordnung [2]

Wir kommen nun zu den Gliedern zweiter Ordnung in $G(v)$. Die bisher benutzten Terme in v sind:

$$v_3 = \frac{1}{r} + \frac{1}{4}\mathring{H}_{\alpha\beta}\mathring{a}^\beta k^\alpha s + \left(\frac{1}{2}A_{\iota,\alpha\varkappa} - \frac{1}{12}\nabla_\alpha R_{\iota\varkappa}\right)_0 \mathring{a}^\alpha k^{\iota\varkappa} r s$$
$$+\left(\frac{1}{2}A_{\iota,\alpha\varkappa\mu} + \frac{1}{36}H_{\varrho\iota}R_{\alpha\varkappa\mu\cdot}^{\ \ \ \ \varrho} - \frac{1}{24}\nabla_\alpha\nabla_\iota R_{\varkappa\mu}\right)_0 a^\alpha k^{\iota\varkappa\mu} r^2 s$$
$$+\frac{1}{360}R_{\varrho\iota\varkappa\cdot}^{\ \ \ \sigma}R^\varrho_{\cdot\mu\nu\sigma}k^{\iota\varkappa\mu\nu}r^3 .$$

Gemäß früherer Bemerkungen (S. 24 und 31) brauchen bei Anwendung des $\Box$-Operators auf v_3 nur die aus $\Box\frac{1}{r}$ entspringenden Glieder berücksichtigt zu werden. Aus $-A^\alpha\frac{\partial v}{\partial x^\alpha}$ hat man:

$$\left[A^\alpha\frac{\partial v}{\partial x^\alpha}\right]_2 = [A^\alpha]_1\left[\frac{\partial v}{\partial x^\alpha}\right]_1 + [A^\alpha]_2\left[\frac{\partial v}{\partial x^\alpha}\right]_0 + [A^\alpha]_4\left[\frac{\partial v}{\partial x^\alpha}\right]_{-2} .$$

Nun ist:

$$\left[\frac{\partial v}{\partial x^\alpha}\right]_{-2} = \frac{1}{r^2}(\mathring{a}_\alpha + k_\alpha)$$

$$\left[\frac{\partial v}{\partial x^\alpha}\right]_0 = -\frac{1}{r^2}\left[\frac{\partial r}{\partial x^\alpha}\right]_2 - \frac{1}{4}\mathring{H}_{\lambda\mu}\mathring{a}^\mu k^\lambda k_\alpha = \frac{1}{3}R_{\iota\varkappa\mu\lambda}\mathring{a}^\iota\mathring{a}^\lambda k^{\varkappa\mu}k_\alpha$$
$$-\frac{1}{4}\mathring{H}_{\lambda\mu}\mathring{a}^\mu k^\lambda k_\alpha$$

$$\left[\frac{\partial v}{\partial x^\alpha}\right]_1 = \frac{1}{12}\nabla_\iota R_{\varrho\varkappa\mu\beta}\mathring{a}^\varrho\mathring{a}^\beta k^{\iota\varkappa\mu}k_\alpha r - \frac{1}{2}\mathring{A}_{\iota,\varrho\varkappa}\mathring{a}^\varrho k^{\iota\varkappa}k_\alpha r$$
$$+\frac{1}{12}\nabla_\varrho R_{\iota\varkappa}\mathring{a}^\varrho k^{\iota\varkappa}k_\alpha r$$

und weiter:

$$[A^\lambda]_1 = \frac{1}{2}\mathring{H}^\lambda_{\cdot\beta}k^\beta r$$

$$[A^\lambda]_2 = \mathring{A}^\lambda_{\cdot,\beta\gamma}k^{\beta\gamma}r^2$$

$$[A^\lambda]_4 = \left(\mathring{A}^\lambda_{\cdot,\alpha\beta\gamma\delta} - \frac{1}{3}R^\varrho_{\cdot\alpha\beta\cdot}^{\ \ \ \ \lambda}\mathring{A}_{\varrho,\gamma\delta} - \frac{1}{12}\nabla_\alpha R^\varrho_{\cdot\beta\gamma\cdot}^{\ \ \ \ \lambda}\mathring{H}_{\varrho\delta}\right)k^{\alpha\beta\gamma\delta}r^4 .$$

Damit ergibt sich unter Benutzung der Gl. (1) in $G(v)$:

$$\left[-A^\alpha \frac{\partial v}{\partial x^\alpha}\right]_2 = \left(-\mathring{A}_{\lambda,\alpha\beta\gamma\delta} + \frac{1}{3} R^{\varrho}_{\cdot\alpha\beta\lambda}\mathring{A}_{\varrho,\gamma\delta} + \frac{1}{12}\nabla_\alpha R^{\varrho}_{\cdot\beta\gamma\lambda}\mathring{H}_{\varrho\delta}\right)\mathring{a}^\lambda k^{\alpha\beta\gamma\delta} r^2 .$$

Aus $(C - \nabla_\alpha A^\alpha)\, v$ kommt in $G(v)$:

$$\frac{1}{6}\frac{\partial^3}{\partial x^\alpha \partial x^\beta \partial x^\gamma}(C - \nabla_\varrho A^\varrho)\, k^{\alpha\beta\gamma} r^2 .$$

Damit haben wir für $[2]'$:

$$[2]' = \left[-\mathring{A}_{\lambda,\alpha\beta\gamma\delta} + \frac{1}{3} R^{\varrho}_{\cdot\alpha\beta\lambda}\mathring{A}_{\varrho,\gamma\delta} + \frac{1}{12}\nabla_\alpha R^{\varrho}_{\cdot\beta\gamma\lambda}\mathring{H}_{\varrho\delta}\right]\mathring{a}^\lambda k^{\alpha\beta\gamma\delta} r^2 + \frac{1}{6}\frac{\partial^3}{\partial x^\alpha \partial x^\beta \partial x^\gamma}(C - \nabla_\varrho A^\varrho)\, k^{\alpha\beta\gamma} r^2 + \left[\Box \frac{1}{r}\right]_2 .$$

Es sind jetzt die Glieder vierter Ordnung in v aufzusuchen, und auf diese ist der Operator $\Box$ anzuwenden. Für die aus $A_\lambda k^\lambda$ entspringenden Glieder hat man in v:

$$A_4 = \frac{1}{2r}\int_0^r [A_\lambda k^\lambda]_4\, dr .$$

Schreibt man diese Glieder aus und bildet $\Box A_4$, so hebt sich dies gerade wieder gegen die erste Klammer in $[2]'$ weg. Damit haben wir in $G(v)$ nur noch die aus

$$K_4 = -\frac{1}{2r}\int_0^r [\nabla_\lambda k^\lambda]_4\, dr$$

in v entspringenden Glieder zu berechnen. Es ist:

$$K_4 = \frac{1}{144.5}\nabla_\alpha R^{\varrho}_{\cdot\beta\gamma}{}^{\sigma} R_{\varrho\delta\varepsilon\sigma} k^{\alpha\beta\gamma\delta\varepsilon} r^4 - \frac{1}{8}\left[\frac{1}{10}\nabla_\lambda\nabla_\alpha\nabla_\beta R_{\gamma\delta} - \frac{1}{45}\nabla_\lambda R^{\varrho}_{\cdot\alpha\beta}{}^{\sigma} R_{\varrho\gamma\delta\sigma}\right]\mathring{a}^\lambda k^{\alpha\beta\gamma\delta} r^3 s.$$

In (Gv) ergibt dies abzüglich der Glieder von $\Box \frac{1}{r}$ und unter

Beachtung von $\nabla_{(\alpha}\nabla_\beta\nabla_\gamma L_{\delta\varepsilon)}=0$:

$$\frac{1}{72\cdot 5}\nabla_\alpha R^{\varrho}_{\cdot\beta\gamma}{}^{\sigma}R_{\varrho\delta\varepsilon\sigma}\sum_{(\alpha,\beta)}g^{\alpha\beta}k^{\gamma\delta\varepsilon}-\frac{1}{108}\nabla_\alpha\nabla_\beta\nabla_\delta R\cdot k^{\alpha\beta\gamma}r^2. \quad (16)$$

Dabei haben wir die Formel

$$\Box\, k^{\alpha\beta\gamma\delta\varepsilon}r^4=2\,r^2\Big(\sum_{(\alpha,\beta)}g^{\alpha\beta}k^{\gamma\delta\varepsilon}+5\,\mathring{a}^{\alpha}k^{\beta\gamma\delta\varepsilon}+\cdots+5\,k^{\alpha\beta\gamma\delta\varepsilon}\Big)$$

benutzt, in der $\sum\limits_{(\alpha,\beta)}$ wieder wie oben bedeutet, daß über alle Kombinationen der fünf Indizes α, β, γ, δ, ε summiert werden soll. Nach Ausführung der Summation hat man aus dem ersten Term von (16):

$$\frac{1}{180}\big(2\,R_{\varrho\alpha\beta\sigma}\nabla_\tau R^{\varrho\tau\cdot\sigma}_{\cdot\cdot\gamma}+2\,R^{\varrho\sigma\cdot\tau}_{\cdot\cdot\alpha}\nabla_\sigma R_{\varrho\beta\gamma\tau}+R_{\varrho\alpha\beta\sigma}\nabla_\gamma R^{\varrho\sigma}$$
$$+\nabla_\alpha R^{\varrho\sigma\tau}_{\cdot\cdot\cdot\beta}R_{\varrho\sigma\tau\gamma}+\nabla_\alpha R^{\varrho\sigma\tau}_{\cdot\cdot\cdot\beta}R_{\tau\sigma\varrho\gamma}\,k^{\alpha\beta\gamma}\big).$$

Umformung unter Beachtung der BIANCHIschen Identität

$$\nabla_{[\alpha}R_{\beta\gamma]\delta\varepsilon}=0$$

ergibt:

$$\frac{1}{180}\Big(4\,R^{\varrho}_{\cdot\alpha\beta}{}^{\sigma}\nabla_{[\gamma}R_{\sigma]\varrho}+R_{\varrho\alpha\beta\sigma}\nabla_\gamma R^{\varrho\sigma}+\frac{3}{2}\nabla_\alpha R^{\varrho\sigma\tau}_{\cdot\cdot\cdot\beta}R_{\varrho\sigma\tau\gamma}$$
$$+\nabla_\alpha R^{\varrho\sigma\tau}_{\cdot\cdot\cdot\beta}R_{\tau\sigma\varrho\gamma}\Big)k^{\alpha\beta\gamma}.$$

Aus den Identitäten (11) folgt nun unter Berücksichtigung von $L_{\alpha\beta}=0$ in $O(\xi)$:

$$g_{\alpha\beta}\nabla_\gamma C_1=\nabla_\gamma R^{\varrho\sigma\tau}_{\cdot\cdot\cdot\alpha}R_{\varrho\sigma\tau\beta}+2\,R^{\varrho}_{\cdot\alpha\beta}{}^{\sigma}\nabla_\gamma L_{\varrho\sigma}$$
$$g_{\alpha\beta}\nabla_\gamma C_2=\nabla_\gamma R^{\varrho\sigma\tau}_{\cdot\cdot\cdot\alpha}R_{\tau\sigma\varrho\beta}+R^{\varrho}_{\cdot\alpha\beta}{}^{\sigma}\nabla_\gamma L_{\varrho\sigma},$$

so daß wir endlich unter Benutzung von $\nabla_{(\alpha}L_{\beta\gamma)}=0$ und $\nabla_\varrho R=0$ in $O(\xi)$ erhalten:

$$\frac{1}{72\cdot 5}\nabla_\alpha R^{\varrho}_{\cdot\beta\gamma}{}^{\sigma}R_{\varrho\delta\varepsilon\sigma}\sum_{(\alpha,\beta)}g^{\alpha\beta}k^{\gamma\delta\varepsilon}=\frac{8}{9\cdot 15}R^{\varrho}_{\cdot\alpha\beta}{}^{\sigma}\nabla_{[\sigma}L_{\gamma]\varrho}k^{\alpha\beta\gamma}.$$

Es soll jetzt der zweite Term in (16) auf einen ähnlichen Ausdruck zurückgeführt werden. Aus der Gleichung:

$$\nabla_{(\alpha}\nabla_\beta\nabla_\gamma L_{\delta\varepsilon)}=0$$

ergibt sich unter Benutzung der Regel für die Vertauschung der kovarianten Ableitungen:

$$3\,\nabla_{(\alpha}\,\Box\,L_{\beta\gamma)} + 7\,\nabla_{(\alpha}\nabla_\beta\nabla_{\gamma)}\,L + 2\,R^{\varrho}_{\cdot(\alpha\beta\cdot}{}^{\sigma}\,\nabla_{\gamma)}\,L_{\varrho\sigma} = 0\,.$$

Aus der Gl. (14) folgt durch Differentation in $O(\xi)$

$$\nabla_{(\alpha}\,\Box\,L_{\beta\gamma)} - \nabla_{(\alpha}\nabla_\beta\nabla_{\gamma)}\,L - 2\,C^{\varrho}_{\cdot(\alpha\beta\cdot}{}^{\sigma}\,\nabla_{\gamma)}\,L_{\varrho\sigma} = -\frac{5}{2}\,\nabla_{(\alpha}\,S_{\beta\gamma)}\,,$$

wobei $S_{\alpha\beta} = H_{\alpha\varrho}\,H_{\beta\cdot}^{\;\varrho} - \frac{1}{4}\,g_{\alpha\beta}\,H_{\varrho\sigma}\,H^{\varrho\sigma}$ gesetzt ist.

Daraus folgt:

$$\nabla_{(\alpha}\nabla_\beta\nabla_{\gamma)}\,R = \frac{16}{5}\,R^{\varrho}_{\cdot(\alpha\beta\cdot}{}^{\sigma}\,\nabla_{[\gamma)}\,L_{\varrho]\sigma} - \frac{9}{4}\,\nabla_{(\alpha}\,S_{\beta\gamma)}\,.$$

Damit erhalten wir aus [2]' und (16)

$$[2] = \left(\frac{1}{6}\,\frac{\partial^3}{\partial x^\alpha\,\partial x^\beta\,\partial x^\gamma}\,(C - \nabla_\lambda\,A^\lambda) - \frac{1}{36}\nabla_\alpha\nabla_\beta\nabla_\gamma\,R - \frac{1}{24}\,\nabla_\alpha\,S_{\beta\gamma}\right)_0 k^{\alpha\beta\gamma}\,r^2 = 0\,.$$

Wegen $\Gamma^{\lambda}_{\alpha\beta} = 0$ und $\frac{\partial}{\partial x^\alpha}(C - \nabla_\varrho\,A^\varrho) = 0$ in $O(\xi)$ hat man:

$$\nabla_\alpha\nabla_\beta\nabla_\gamma(C - \nabla_\lambda\,A^\lambda)_0 = \frac{\partial^3}{\partial x^\alpha\,\partial x^\beta\,\partial x^\gamma}\,(C - \nabla_\lambda\,A^\lambda)|_0$$

Benutzen wir nun die Gl. (4), so folgt:

$$[2] = \left(-\frac{1}{12}\,\nabla_\alpha\nabla_\beta\nabla_\gamma\nabla_\lambda\,A^\lambda - \frac{1}{24}\,\nabla_\alpha\,S_{\beta\gamma} + \frac{1}{24}\,\nabla_\alpha\nabla_\beta\nabla_\gamma\,A_\lambda\,A^\lambda\right)_0 k^{\alpha\beta\gamma} = 0\,.$$

Nun ist:

$$k^{\alpha\beta\gamma}\,\nabla_\alpha\,S_{\beta\gamma} = \nabla_\alpha\,(H_{\beta\mu}\,H_{\gamma}^{\cdot\mu})\,k^{\alpha\beta\gamma} = 2\,\frac{\partial}{\partial x^\alpha}\left[\left(\frac{\partial A_\beta}{\partial x^\mu} - \frac{\partial A_\mu}{\partial x^\beta}\right)\right]_0 \mathring{H}_{\gamma}^{\cdot\mu}\,k^{\alpha\beta\gamma}$$

$$= 4\,(\mathring{A}_{\alpha,\mu\beta} - \mathring{A}_{\mu,\alpha\beta})\,\mathring{H}_{\gamma}^{\cdot\mu} = 6\,\mathring{A}^{\mu}_{\cdot,\alpha\beta}\,\mathring{H}_{\mu\gamma}\,k^{\alpha\beta\gamma},$$

wegen $\mathring{A}_{(\alpha,\beta\gamma)} = 0$ in $O(\xi)$.

Ferner gilt:

$$A_\lambda\,A^\lambda = \frac{1}{4}\,\mathring{H}^{\lambda}_{\cdot\alpha}\,\mathring{H}_{\lambda\beta}\,X^\alpha\,X^\beta + \mathring{A}^{\lambda}_{\cdot\alpha\beta}\,\mathring{H}_{\lambda\gamma}\,X^\alpha\,X^\beta\,X^\gamma + \cdots,$$

woraus man entnimmt:

$$k^{\alpha\beta\gamma}\,\nabla_\alpha\nabla_\beta\nabla_\gamma\,A_\lambda\,A^\lambda|_0 = 6\,\mathring{A}^{\lambda}_{\cdot\alpha\beta}\,\mathring{H}_{\lambda\gamma}\,k^{\alpha\beta\gamma}.$$

Also gilt in $O(\xi)$:

$$\nabla_{(\alpha}\nabla_\beta\nabla_{\gamma)} A_\lambda A^\lambda = \nabla_{(\alpha} S_{\beta\gamma)},$$

womit sich [2] reduziert auf:

$$[2] = -\frac{1}{12}\nabla_\alpha\nabla_\beta\nabla_\gamma\nabla_\lambda A^\lambda|_0 k^{\alpha\beta\gamma} = 0.$$

Nun liefert die Gleichung

$$\mathring{A}_{(\alpha,\beta\gamma\delta\varepsilon)} = 0,$$

die wegen $\Gamma^\lambda_{\alpha\beta} = \Gamma^\lambda_{(\alpha\beta,\gamma)} = \cdots = 0$ in $O(\xi)$ gleichbedeutend ist mit:

$$\nabla_{(\alpha}\nabla_\beta\nabla_\gamma\nabla_\delta A_{\varepsilon)} = 0$$

unter Beachtung der Regel für die Vertauschung der kovarianten Ableitung für den Punkt $O(\xi)$:

$$(3\nabla_\alpha\nabla_\beta\Box A_\gamma + 2\nabla_\alpha\nabla_\beta\nabla_\gamma\nabla_\lambda A^\lambda$$
$$+ 4 R^{\varrho\cdot\cdot\sigma}_{\cdot\alpha\beta\cdot}\nabla_\gamma\nabla_\varrho A_\sigma - 2 H^{\cdot\varrho}_\alpha \nabla_{[\varrho} R_{\beta]\gamma}) k^{\alpha\beta\gamma} = 0.$$

Aus den Gl. (8) folgt durch zweimalige Differentation in $O(\xi)$:

$$\nabla_\alpha\nabla_\beta\Box A_\gamma = \nabla_\alpha\nabla_\beta\nabla_\gamma\nabla_\lambda A^\lambda + \frac{2}{3}\mathring{H}^{\cdot\varrho}_\alpha \nabla_{[\beta} R_{\varrho]\gamma}.$$

Damit erhält man:

$$0 = -\frac{1}{12}\nabla_\alpha\nabla_\beta\nabla_\gamma\nabla_\lambda A^\lambda|_0 \cdot k^{\alpha\beta\gamma}$$
$$= \left(\frac{1}{15} R^{\varrho\cdot\cdot\sigma}_{\cdot\alpha\beta\cdot}\nabla_\gamma\nabla_\varrho A_\sigma - \frac{1}{15} H^{\cdot\varrho}_\gamma \nabla_{[\varrho} R_{\alpha]\beta}\right)_0 k^{\alpha\beta\gamma}$$

Unter Beachtung von

$$\nabla_{(\alpha}\nabla_\beta A_{\gamma)} = 0$$

ergibt sich endgültig:

$$(R^{\varrho\cdot\cdot\sigma}_{\cdot\alpha\beta\cdot}\nabla_\varrho H_{\sigma\gamma} - 3 H^{\cdot\varrho}_\alpha \nabla_{[\varrho} R_{\beta]\gamma}) k^{\alpha\beta\gamma} = 0 \text{ in } O(\xi). \qquad (17)$$

Aus einer solchen Gleichung

$$\Phi_{\alpha\beta\gamma} k^{\alpha\beta\gamma} = 0$$

für alle k^α folgt nun aber die Existenz eines kovarianten Vektors K_α, so daß:

$$\Phi_{(\alpha\beta\gamma)} = K_{(\alpha}\, g_{\beta\gamma)}\,,$$

wobei sich K_α durch Überschieben mit dem Fundamentaltensor ergibt. In unserem Falle also:

$$R^{\varrho\ \ \sigma}_{\cdot(\alpha\beta\cdot}\nabla_{|\varrho}\, H_{\sigma|\gamma)} + 3\, H^{\cdot\varrho}_{(\alpha}\, S_{|\varrho|\beta\gamma)} = K_{(\alpha}\, g_{\beta\gamma)}\,,$$

wobei $S_{\alpha\beta\gamma} = \nabla_{[\alpha}\, L_{\beta]\,\gamma}$. Diese Gleichungen gelten wieder nur in $O(\xi)$. Betrachten wir aber den Ausdruck

$$C^{\varrho\cdot\cdot\sigma}_{\cdot(\alpha\beta}\nabla_{|\varrho}\, H_{\varrho|\gamma)} + 3\, H^{\cdot\varrho}_{(\alpha}\, S_{|\varrho|\beta\gamma)} = K_{(\alpha}\, g_{\beta\gamma)}\,,$$

so ist dieser zunächst gegen λ-Transformationen invariant, da nur die Rotorgrößen $H_{\alpha\beta}$ auftreten. Er ist aber auch gegen konforme Transformationen invariant, wie man mit Hilfe des Transformationsgesetzes

$$'S_{\alpha\beta\gamma} = S_{\alpha\beta\gamma} - C_{\alpha\beta\gamma}{}^{\varrho}\, s_\varrho$$

sofort erkennt. Ferner reduziert er sich bei $L_{\alpha\beta} = 0$ und $\nabla_\varrho R = 0$ auf (17). Wir haben also als vierte notwendige Bedingung gefunden:

$$C^{\varrho\cdot\cdot\sigma}_{\cdot(\alpha\beta\cdot}\nabla_{|\varrho}\, H_{\sigma|\gamma)} + 3\, H^{\cdot\varrho}_{(\alpha}\, S_{|\varrho|\beta\gamma)} = K_{(\alpha}\, g_{\beta\gamma)}\,.$$

Zusammenfassung

Aus der für die Gültigkeit des Huygensschen Prinzips bei der DGl.

$$\Box u + A^\alpha \nabla_\alpha u + C u = 0$$

notwendigen und hinreichenden Bedingung $G[v(\xi, x)] = 0$ folgen durch Reihenentwicklung aus den ersten vier Gliedern die notwendigen Bedingungen:

$$\text{I.}\quad C - \frac{1}{2}\nabla_\alpha A^\alpha - \frac{1}{4} A_\alpha A^\alpha = \frac{R}{6}\,.$$

$$\text{II.}\quad \Box A_\alpha - \nabla_\alpha \nabla_\varrho A^\varrho + R_{\alpha\varrho} A^\varrho = 0\,,$$

wobei $R_{\alpha\varrho}$ und R den einmal bzw. zweimal verjüngten Krümmungstensor darstellen.

III. $\nabla^{\alpha} S_{\alpha\mu\nu} - \frac{1}{2} C^{\varrho\cdot\cdot\sigma}_{\cdot\mu\nu\cdot} L_{\varrho\sigma} = -\frac{5}{4}\left(H_{\varkappa\mu} H^{\varkappa}_{\cdot\nu} - \frac{1}{4} g_{\mu\nu} H_{\alpha\beta} H^{\alpha\beta}\right)$

mit

$$S_{\alpha\mu\nu} = \nabla_{[\alpha} L_{\mu]\nu}, \qquad L_{\mu\nu} = -R_{\mu\nu} + \frac{1}{6} g_{\mu\nu} R$$

und dem Konformkrümmungstensor:

$$C_{\alpha\beta\gamma\delta} = R_{\alpha\beta\gamma\delta} - 2\, g_{[\alpha[\gamma} L_{\beta]\delta]}$$

sowie

$$H_{\alpha\beta} = \nabla_{\beta} A_{\alpha} - \nabla_{\alpha} A_{\beta}.$$

$$\text{IV.}\quad C^{\varrho\cdot\cdot\sigma}_{\cdot(\alpha\beta\cdot} \nabla_{|\varrho} H_{\sigma|\gamma)} + 3\, H_{(\alpha\cdot}^{\ \cdot\varrho} S_{|\varrho|\beta\gamma)} = K_{(\alpha} g_{\beta\gamma)}.$$

Dabei ergibt sich K_{α} durch Überschieben der rechten Seite mit $g^{\beta\gamma}$.

MIX
Papier | Fördert gute Waldnutzung
FSC® C083411

Zeitfracht Medien GmbH
Ferdinand-Jühlke-Straße 7
99095 Erfurt, Deutschland
produktsicherheit@kolibri360.de